国家海洋创新评估系列报告

国家海洋创新指数报告
2020

刘大海　何广顺　王春娟　著

科学出版社

北　京

内 容 简 介

本书以海洋创新数据为基础，构建了国家海洋创新指数，客观分析了我国海洋创新现状与发展趋势，定量评估了国家和区域海洋创新能力，探讨研究了海洋全要素生产率测算方法，并对我国海洋创新能力进行了评价与展望。同时，本书对比分析了全球海洋创新能力，并开展了国际海洋科技创新态势和我国青岛海洋科学与技术试点国家实验室等专题分析。

本书既是海洋领域的专业科技工作者和研究生、大学生的参考用书，也是海洋管理和决策部门的重要参考资料，并可为全社会认识和了解我国海洋创新发展提供窗口。

图书在版编目（CIP）数据

国家海洋创新指数报告.2020/刘大海，何广顺，王春娟著. — 北京：科学出版社，2021.3
（国家海洋创新评估系列报告）
ISBN 978-7-03-065706-0

Ⅰ.①国… Ⅱ.①刘… ②何… ③王… Ⅲ.①海洋经济-技术革新-研究报告-中国-2020 Ⅳ.①P74

中国版本图书馆CIP数据核字（2020）第128578号

责任编辑：朱 瑾 付 聪/责任校对：郑金红
责任印制：吴兆东/封面设计：无极书装

科学出版社 出版
北京东黄城根北街16号
邮政编码：100717
http://www.sciencep.com
北京捷退佳彩印刷有限公司 印刷
科学出版社发行 各地新华书店经销

2021年3月第 一 版 开本：889×1194 1/16
2021年5月第二次印刷 印张：8 1/4
字数：267 000
定价：150.00元
（如有印装质量问题，我社负责调换）

《国家海洋创新指数报告 2020》学术委员会

前　言

党的十九大报告指出"创新是引领发展的第一动力",要"加强国家创新体系建设,强化战略科技力量"。"十三五"时期是我国全面建成小康社会的决胜阶段,是实施创新驱动发展战略、建设海洋强国的关键时期。海洋创新是国家创新的重要组成部分,也是实现海洋强国战略的动力源泉。党的十九大报告同时提出,"实施区域协调发展战略""坚持陆海统筹,加快建设海洋强国""要以'一带一路'建设为重点,坚持引进来和走出去并重""加强创新能力开放合作,形成陆海内外联动、东西双向互济的开放格局"。

为响应国家海洋创新战略、服务国家创新体系建设,自然资源部第一海洋研究所(原国家海洋局第一海洋研究所)自2006年着手开展海洋创新指标的测算工作,并于2013年启动国家海洋创新指数的研究工作。在国家海洋局 [①]领导和专家学者的帮助与支持下,国家海洋创新评估系列报告自2015年以来已经出版了十一册,《国家海洋创新指数报告2020》是该系列报告的第十二册。

《国家海洋创新指数报告2020》基于海洋经济统计、科技统计和科技成果登记等权威数据,从海洋创新资源、海洋知识创造、海洋创新绩效、海洋创新环境4个方面构建指标体系,定量测算了2004~2018年我国海洋创新指数。本书客观评价了我国国家和区域海洋创新能力,测算分析了国家海洋创新与海洋经济的协调关系,切实反映了我国海洋创新的质量和效率。同时,本书总结研究了美国海洋和大气领域政策导向转变及2020财年计划方案,针对全球海洋创新能力进行了分析,并对国际海洋科技创新态势和青岛海洋科学与技术试点国家实验室进行了专题分析。

《国家海洋创新指数报告2020》由自然资源部第一海洋研究所海岸带科学与海洋发展战略研究中心组织编写。中国科学院兰州文献情报中心参与编写了海洋论文、专利、全球海洋创新能力分析和国际海洋科技创新态势分析等部分,青岛海洋科学与技术试点国家实验室参与编写了海洋国家实验室专题分析部分。国家海洋信息中心、科学技术部战略规划司、教育部科学技术司与教育管理信息中心等单位和部门提供了数据支持;中国科学技术发展战略研究院在评价体系与测算方法方面给予了技术支持。在此对参与编写和提供数据与技术支持的单位及个人,一并表示感谢。

希望国家海洋创新评估系列报告能够成为全社会认识和了解我国海洋创新发展的窗口。本书是国家海洋创新指数研究的阶段性成果,敬请各位同仁批评指正,撰写人员会汲取各方面专家学者的宝贵意见,不断完善国家海洋创新评估系列报告。

刘大海　何广顺

2020年8月

---

① 2018年3月,根据第十三届全国人民代表大会第一次会议批准的国务院机构改革方案,将国家海洋局的职责整合:组建中华人民共和国自然资源部,自然资源部对外保留国家海洋局牌子;将国家海洋局的海洋环境保护职责整合,组建中华人民共和国生态环境部;将国家海洋局的自然保护区、风景名胜区、自然遗产、地质公园等管理职责整合,组建中华人民共和国国家林业和草原局,由中华人民共和国自然资源部管理;不再保留国家海洋局。

目　　录

第一章　从数据看我国海洋创新

在海洋强国和"一带一路"倡议背景下，我国海洋创新发展不断取得新成就，部分领域达到国际先进水平，海洋创新环境条件明显改善，海洋创新硕果累累。

海洋创新人力资源结构持续优化。科学研究与试验发展（research and development，R&D）人员总量、折合全时工作量稳步上升，R&D人员学历结构不断优化。

海洋创新经费规模明显提升。海洋科研机构的R&D经费规模稳中有升，R&D经费构成呈波动态势。海洋科研机构的固定资产和科学仪器设备逐年递增。

海洋创新产出成果持续增长。海洋科研机构的海洋科技论文总量保持增长，海洋科技著作出版种类增长显著，专利申请数量、授权量涨势强劲。

第一节　海洋创新人力资源结构持续优化

海洋创新人力资源是建设海洋强国和创新型国家的主导力量与战略资源，海洋创新科研人员的综合素质决定了国家海洋创新能力提升的速度和幅度。海洋R&D人员是重要的海洋创新人力资源，突出反映了一个国家海洋创新人才资源的储备状况。R&D人员是指海洋科研机构本单位人员、外聘研究人员，以及在读研究生中参加R&D课题的人员、R&D课题管理人员、为R&D活动提供直接服务的人员。

一、R&D 人员总量、折合全时工作量明显增长

2004～2018年，我国海洋科研机构的R&D人员总量和折合全时工作量总体呈现稳步上升态势（图1-1）。2004～2006年，R&D人员总量和折合全时工作量增长相对较缓；2006～2007年，二者均涨势迅猛，增长率分别为119.09%和88.16%；2007～2014年，二者保持稳步增长；2014～2015年，R&D人员总量略有下降；2015～2016年，二者再次出现明显增长，增长率分别为13.68%和6.55%；2017年R&D人员总量略有下降，折合全时工作量略有上升；2018年R&D人员总量和折合全时工作量有明显增长，增长率分别为23.66%和24.86%。

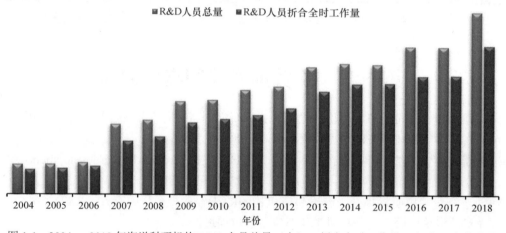

图 1-1　2004 ～ 2018 年海洋科研机构 R&D 人员总量（人）、折合全时工作量（人·年）变化趋势

二、R&D 人员学历结构逐步优化

2011～2018年，我国海洋科研机构R&D人员中博士毕业生数量保持增长，占比呈波动上升趋势，硕士毕业生数量整体呈现增长态势。2018年博士和硕士毕业生分别占R&D人员总量的33.44%和35.45%（图1-2）。其中，博士毕业生占比2017年最高，比2011年增长6.15个百分点；硕士毕业生占比近8年呈波动增长态势，2018年比2011年增长8.55个百分点。

第二节　海洋创新经费规模明显提升

R&D活动是创新活动的核心组成部分，不仅是知识创造和自主创新能力的源泉，也是全球化环境下吸纳新知识和新技术能力的基础，更是反映科技与经济协调发展和衡量经济增长质量的重要指标。海洋科研机构的R&D经费是重要的海洋创新经费，能够有效地反映国家海洋创新活动规模，客观评价国家海洋科技实力和创新能力。

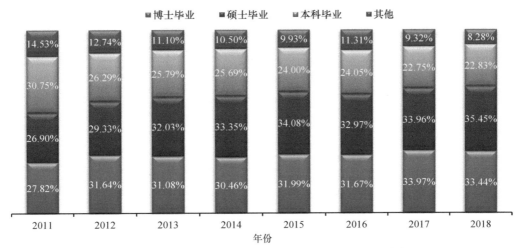

图 1-2 2011 ～ 2018 年海洋科研机构 R&D 人员学历结构

一、R&D 经费规模稳中有升

2004～2018年，我国海洋科研机构的R&D经费支出总体保持增长态势（图1-3），年均增长率达23.11%。2007年是R&D经费支出迅猛增长的一年，年增长率达145.18%。R&D经费支出中以R&D经费内部支出为主，除2003年占比为94.87%、2007年占比为94.45%外，其他年份均大于95.00%，其中，2018年为96.90%。

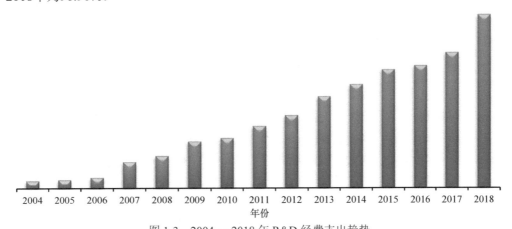

图 1-3 2004 ～ 2018 年 R&D 经费支出趋势

R&D经费占全国海洋生产总值的比例通常作为国家海洋科研经费投入强度的指标，反映国家海洋创新资金投入强度。2004～2018年，该指标整体呈现增长态势，年均增长率为8.63%；2017年与2016年基本持平，2018年该比例明显增加（图1-4）。

二、R&D 经费构成呈波动态势

R&D经费内部支出是指当年为进行R&D活动而实际用于机构内的全部支出，包括R&D经常费支出和R&D基本建设费支出。2004～2017年，R&D基本建设费支出在R&D经费内部支出中的比例呈波动态势，从2004年的6.13%上升到2017年的29.15%，2018年稍有回落，降至12.61%（图1-5）。

从活动类型来看，2004～2018年，R&D经常费支出中用于基础研究的经费占比总体呈波动态势，从2004年的19.94%上升至2018年的33.00%；用于应用研究的经费占比从2004年的41.77%

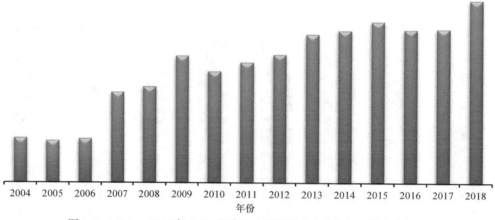

图 1-4　2004～2018 年 R&D 经费占全国海洋生产总值比例的变化趋势

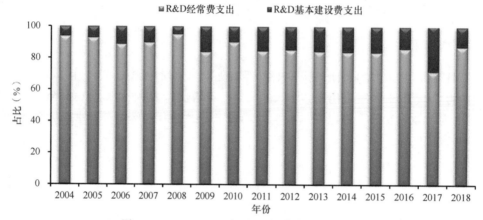

图 1-5　2004～2018 年 R&D 经费内部支出构成

下降至2018年的40.08%；用于试验发展的经费占比从2004年的38.29%下降至2018年的26.92%（图1-6）。基础研究是构建科学知识体系的关键环节，加强基础研究是提升源头创新能力的重要环节。我国的基础研究正处于从量的积累向质的飞跃、从点的突破向系统能力提升的重要时期，海洋领域的基础研究发展趋势与现阶段我国科技发展趋势相一致，基本投入和结构组成逐渐科学化、合理化。

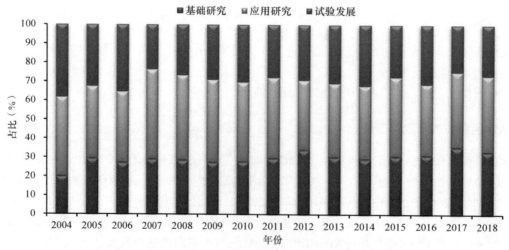

图 1-6　2004～2018 年 R&D 经常费支出构成（按活动类型）

从经费来源来看，R&D经费的主要来源是政府资金、企业资金和事业单位资金，企业资金总量不断提升。2004～2015年政府资金占比呈现一定的波动态势，2015～2017年略有下降，2018年稍有回升（图1-7）。2018年，政府资金、企业资金和事业单位资金占比分别为87.52%、7.92%和3.65%，企业资金占比相较于2017年略有提升。

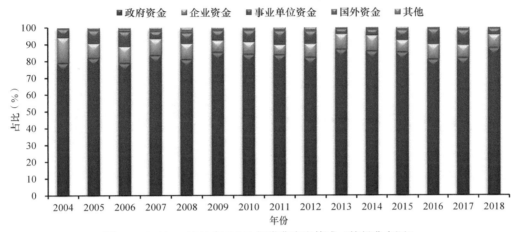

图1-7　2004～2018年R&D经常费支出构成（按经费来源）

2004～2018年，R&D基本建设费支出构成波动较大。土建费支出占比除2007年、2009年、2017年和2018年小于仪器设备费支出占比外，其他年份均超过仪器设备费支出占比（图1-8）。2017年仪器设备费支出占比最高，为81.74%。

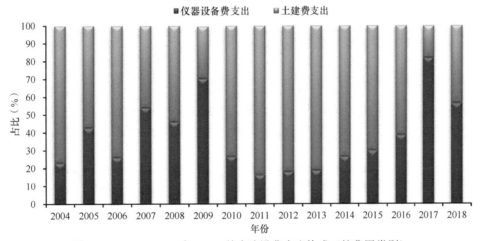

图1-8　2004～2018年R&D基本建设费支出构成（按费用类别）

三、固定资产和科学仪器设备逐年递增

固定资产是指能在较长时间内使用，消耗其价值，但能保持原有实物形态的设施和设备，如房屋和建筑物等，构成要素包括耐用年限在一年以上和单位价值在规定标准以上。2004～2018年，我国海洋科研机构的固定资产持续增长（图1-9），年均增长率为24.41%。固定资产中的科学仪器设备是指从事科技活动的人员直接使用的科研仪器设备，不包括与基建配套的各种动力设备、机械设备、辅助设备，也不包括一般运输工具（用于科学考察的交通运输工具除外）和专用于生产的仪器设备。2004～2018年，我国海洋科研机构固定资产中的科学仪器设备总量保持增长态势（图1-9），年均增长率为27.26%。

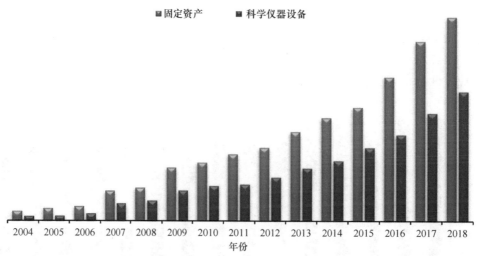

图1-9　2004～2018年海洋科研机构固定资产和固定资产中的科学仪器设备变化趋势

第三节　海洋创新成果持续增长

知识创新是国家竞争力的核心要素，创新成果是指科学研究与技术创新活动所产生的各种形式的成果。较高的海洋知识扩散与应用能力是创新型海洋强国的共同特征之一。海洋创新成果是国家海洋科技创新水平和能力的重要体现，也是投入产出体系中能够体现科技产出的重要部分，集中反映了国家海洋原始创新能力、创新活跃程度和技术创新水平。海洋科技论文、著作和发明专利等是反映知识创新与产出能力的重要指标，其中，论文、著作的数量和质量一般直接反映海洋科技的原始创新能力，专利申请数量和授权量等则更加直接地反映海洋创新活动程度和技术创新水平。

一、海洋科技论文总量保持增长

海洋科技论文总量保持稳定增长态势。2004～2018年，我国海洋领域科技论文总量整体呈增长趋势（图1-10），2018年论文发表数量约为2004年的5.7倍，年均增长率为13.27%。

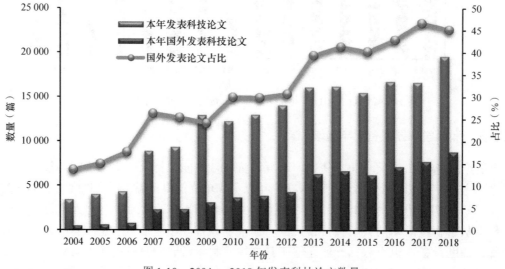

图1-10　2004～2018年发表科技论文数量

二、海洋科技著作出版种类增长明显

我国海洋科研机构的海洋科技著作出版种类总体呈现增长态势（图1-11），2004～2018年年均增长率为12.58%。其中，2008～2009年海洋科技著作出版种类快速增长，增长率为64.47%；2010～2018年海洋科技著作出版种类年均增长率为9.50%。

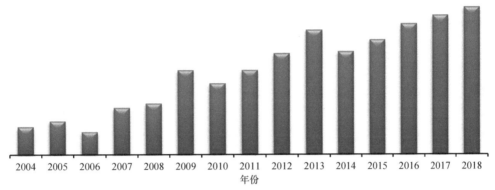

图 1-11　2004 ～ 2018 年我国海洋科技著作出版种类变化

三、海洋领域专利申请数量、授权数量涨势强劲

2004～2018年，我国海洋领域专利申请受理数量总体呈增长趋势，年均增长率为23.68%。其中2012～2015年明显增长，2013年以来年专利申请受理数量维持在3500件以上，2016年有所下降，2017～2018年稳步回升，如图1-12所示。2004～2018年，我国专利授权数量变化趋势与专利申请受理数量相似，整体呈增长趋势。

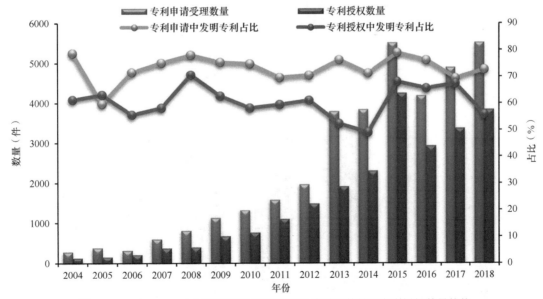

图 1-12　2004 ～ 2018 年我国海洋领域专利申请受理数量和专利授权数量趋势

我国海洋领域专利申请中，发明专利占比均超过50%（图1-12），说明目前我国海洋专利技术研发居多，创新潜力较大。

第四节　高等学校海洋创新优化发展

高等学校对国家创新发展具有举足轻重的作用。近年来，我国高等学校的海洋科研机构优化发展，海洋创新发展态势良好。需要说明的是，本部分数据的提取以涉海学科为依据，按照其涉海比例系数加权求和所得（涉海学科及其涉海比例系数见附录一）。

一、高等学校海洋创新人力资源结构优化

2012～2018年我国高等学校涉海科研机构中的从业人员数量总体上呈上升趋势（图1-13）。其中，博士毕业人员数量呈增长态势；2012～2018年博士毕业人员占比由51.76%上升到61.87%；硕士毕业人员占比有所波动，2018年硕士毕业人员占比为25.97%（图1-14），相较2012年有所下降。

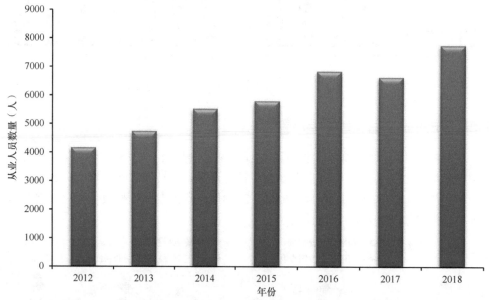

图 1-13　2012～2018 年我国高等学校涉海科研机构中的从业人员数量

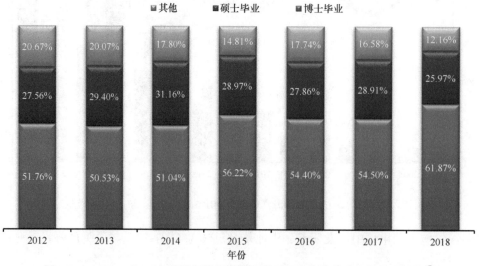

图 1-14　2012～2018 年我国高等学校涉海科研机构中的从业人员学历结构①

① 本书中百分比之和不等于100%是因为有些数据进行过舍入修约。

2012～2018年我国高等学校涉海科研机构中的科技活动人员数量总体呈增长趋势（图1-15）。其中，高级职称人员占比波动较小，中级职称人员占比由2017年的31.08%回落至29.83%，初级职称人员占比由2017年的5.96%上升至7.26%（图1-16）。

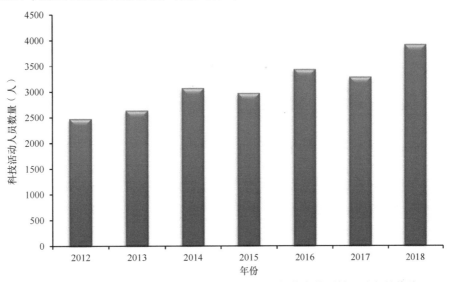

图 1-15　2012～2018 年我国高等学校涉海科研机构中的科技活动人员数量

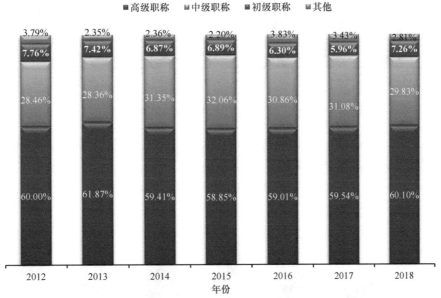

图 1-16　2012～2018 年我国高等学校涉海科研机构中的科技活动人员职称结构

二、高等学校海洋创新经费持续增加

2012～2018年我国高等学校涉海科研机构的科技经费支出呈增加趋势（图1-17），2018年当年经费内部支出是2012年的2.65倍，其中2018年R&D经费支出是2012年的3倍。

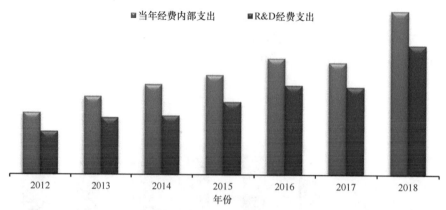

图 1-17 2012～2018 年我国高等学校涉海科研机构的科技经费支出变化趋势

2012～2018年我国高等学校涉海科研机构承担项目数量呈增加趋势（图1-18），2018年我国高等学校涉海科研机构承担项目数量是2012年的1.9倍。

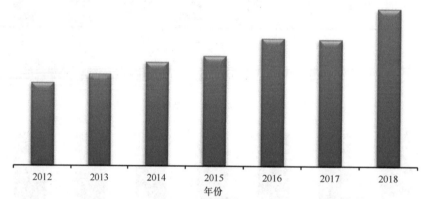

图 1-18 2012～2018 年我国高等学校涉海科研机构承担项目数量变化趋势

2012～2018年，我国高等学校涉海科研机构的固定资产原值呈增加趋势（图1-19），其中，2017～2018年增长迅速，增长率达32.3%。

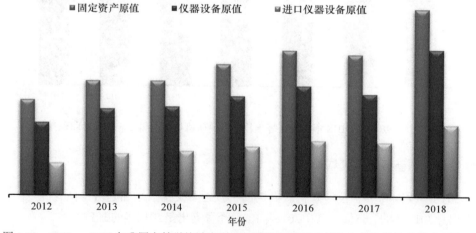

图 1-19 2012～2018 年我国高等学校涉海科研机构的固定资产原值和其中的仪器设备原值、进口仪器设备原值变化趋势

第二章 国家海洋创新指数评价

国家海洋创新指数是一个综合指数，由海洋创新资源、海洋知识创造、海洋创新绩效和海洋创新环境4个分指数构成。考虑海洋创新活动的全面性和代表性，以及基础数据的可获取性，本书选取19个指标（指标体系见附录二），以反映海洋创新的质量、效率和能力。

国家海洋创新指数稳步上升，海洋创新能力稳步提高。设定2004年我国的国家海洋创新指数基数值为100，则2018年国家海洋创新指数为303，2004～2018年国家海洋创新指数的年均增长率为8.25%，"十二五"期间年均增长率为8.33%，保持平稳增长态势。

海洋创新资源分指数总体呈上升趋势，2004～2018年年均增长率为7.78%。其中，研究与发展经费投入强度及研究与发展人力投入强度两个指标的年均增长率分别为10.62%与11.02%，是拉动海洋创新资源分指数上升的主要力量。

海洋知识创造分指数增长强劲，年均增长率达9.43%。本年出版科技著作与万名R&D人员的发明专利授权数两个指标增长较快，年均增长率分别达12.58%和11.28%，高于其他指标值，成为推动海洋知识创造的主导力量。

海洋创新绩效分指数在4个分指数中增长较快，年均增长率为9.69%。海洋劳动生产率在海洋创新绩效分指数的5个指标中增长较为稳定，年均增长率为10.51%，对海洋创新绩效的增长起着积极的推动作用。

海洋创新环境分指数呈稳定上升趋势，年均增长率为5.43%，这得益于沿海地区人均海洋生产总值指标的迅速增长。

第一节　海洋创新指数综合评价

一、国家海洋创新指数稳步上升

将2004年我国的国家海洋创新指数定为基数100，则2018年国家海洋创新指数为303（图2-1），2004～2018年，年均增长率为8.25%。

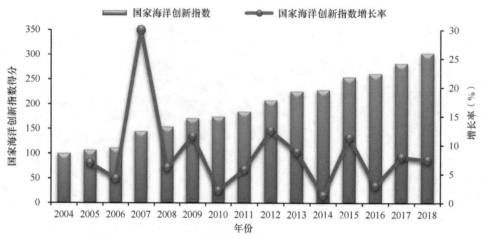

图 2-1　2004～2018 年国家海洋创新指数及其增长率变化

2004～2018年国家海洋创新指数总体呈上升趋势，增长率出现不同程度的波动，"十一五"期间，国家海洋创新指数由2006年的111增长为2010年的175，年均增长率达11.92%，在此期间国家对海洋创新的投入逐渐加大，效果开始显现；越来越多的科研机构从事海洋研究，其中最为突出的是2006～2007年，增长率最大，为29.97%。"十二五"期间，国家海洋创新指数由2011年的185增长为2015年的254，年均增长率达到8.33%。2017～2018年国家海洋创新指数由282上升为303，增长率为7.40%。

二、4 个分指数贡献不一，趋势变化略存差异

4个分指数对国家海洋创新指数的影响各不相同，呈现不同程度的上升态势（表2-1，图2-2）。海洋创新资源分指数与国家海洋创新指数得分最为接近，变化趋势也较为相似；海洋知识创造分指数得分总体上高于国家海洋创新指数，说明海洋知识创造分指数对国家海洋创新指数增长有较大的正向贡献；海洋创新绩效分指数得分涨势迅猛，2018年在4个分指数中得分最高。海洋创新环境分指数得分除2005年外，其余年份均低于国家海洋创新指数得分，但其年度变化趋势与国家海洋创新指数得分变化趋势比较接近。

表 2-1　2004～2018 年国家海洋创新指数及其分指数

年份	综合指数	分指数			
	国家海洋创新指数	海洋创新资源分指数	海洋知识创造分指数	海洋创新绩效分指数	海洋创新环境分指数
2004	100	100	100	100	100
2005	107	102	111	108	106
2006	111	105	109	118	113
2007	145	162	152	135	130

续表

年份	综合指数	分指数			
	国家海洋创新指数	海洋创新资源分指数	海洋知识创造分指数	海洋创新绩效分指数	海洋创新环境分指数
2008	154	172	164	146	132
2009	171	197	197	144	146
2010	175	199	195	161	144
2011	185	208	214	171	146
2012	208	221	251	200	158
2013	226	236	306	199	162
2014	229	239	288	215	174
2015	254	246	327	264	181
2016	262	252	344	264	188
2017	282	259	367	297	206
2018	303	285	353	365	210

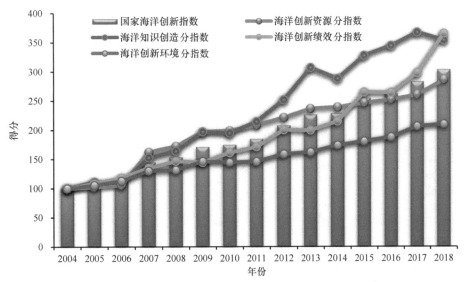

图 2-2 2004 ～ 2018 年国家海洋创新指数及其分指数得分变化

2004～2018年，我国海洋创新资源分指数年均增长率为7.78%，2007年增长率最高，为53.90%；2009年次之，为14.30%；另外增长率超过5%的年份有2008年、2012年、2013年和2018年，其余年份增长率均小于5%（表2-2）；体现了我国海洋创新资源投入不断增加，但年际投入增量有所波动。

表 2-2 2004 ～ 2018 年国家海洋创新指数和分指数增长率 （%）

年份	综合指数	分指数			
	国家海洋创新指数	海洋创新资源分指数	海洋知识创造分指数	海洋创新绩效分指数	海洋创新环境分指数
2004	—	—	—	—	—
2005	6.88	2.18	11.48	8.27	5.58
2006	4.17	3.04	−1.99	9.02	6.79
2007	29.97	53.90	39.36	14.08	15.17

续表

年份	综合指数	分指数			
	国家海洋创新指数	海洋创新资源分指数	海洋知识创造分指数	海洋创新绩效分指数	海洋创新环境分指数
2008	6.08	6.41	7.49	8.74	1.28
2009	11.47	14.30	20.32	−1.42	11.08
2010	2.10	0.90	−1.07	11.51	−1.30
2011	5.74	4.65	9.91	6.17	1.10
2012	12.43	6.18	17.36	17.05	8.69
2013	8.77	6.92	21.94	−0.42	2.08
2014	1.23	1.05	−6.09	7.71	7.40
2015	11.22	2.94	13.65	23.10	3.92
2016	2.91	2.47	5.14	−0.18	3.98
2017	7.88	3.03	6.63	12.81	9.76
2018	7.40	10.02	−3.66	22.67	1.75
年均	8.25	7.78	9.43	9.69	5.43

2004~2018年，海洋知识创造分指数对我国海洋创新能力大幅提升的贡献较大，年均增长率达9.43%（图2-3），表明我国海洋科研能力迅速增强，海洋知识创造及其转化运用为海洋创新活动提供了强有力的支撑。海洋知识创造能力的提高为增强国家原始创新能力、提高自主创新水平提供了重要支撑。

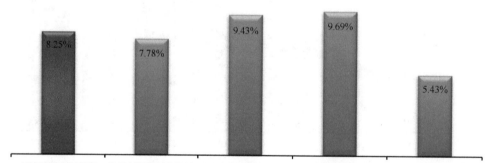

图2-3　2004 ～ 2018 年国家海洋创新指数及其分指数的年均增长率

促进海洋经济发展是海洋创新活动的重要目标，是进行海洋创新能力评价不可或缺的组成部分。从近年来的变化趋势来看，我国海洋创新绩效稳步提升。2004～2018年，我国海洋创新绩效分指数年均增长率达9.69%，增长率最高值出现在2015年，为23.10%（表2-2）。

海洋创新环境是海洋创新活动顺利开展的重要保障。我国海洋创新的总体环境极大改善，2004～2018年海洋创新环境分指数总体呈上升趋势（表2-1），年均增长率为5.43%（图2-3）。

第二节　海洋创新资源分指数评价

海洋创新资源能够反映一个国家对海洋创新活动的投入力度。创新型人才资源的供给能力及创新所依赖的基础设施投入水平是国家持续开展海洋创新活动的基本保障。海洋创新资源分指数评价采用如下5个指标：①研究与发展经费投入强度；②研究与发展人力投入强度；③R&D人员中博士人员占比；④科技活动人员占海洋科研机构从业人员的比例；⑤万名科研人员承担的课题数。通过以上指标，从资金投入、人力资源投入等角度对我国海洋创新资源投入和配置能力进行评价。

一、海洋创新资源分指数平稳增长

2018年海洋创新资源分指数得分为285，比2017年有明显上升，2004～2018年的年均增长率为7.78%。从历史变化情况来看，2004～2018年海洋创新资源分指数呈增长趋势，2007年和2009年海洋创新资源分指数的涨幅最为明显，年增长率分别为53.90%与14.30%；相对而言，2017年和2018年的年增长率略低，分别为3.03%和10.02%。

二、指标变化有升有降

从海洋创新资源5个指标得分的变化趋势（图2-4）来看，研究与发展经费投入强度和研究与发展人力投入强度两个指标得分整体呈现明显上升趋势，年均增长率分别为10.62%和11.02%，是拉动海洋创新资源分指数得分上升的主要力量；R&D人员中博士人员占比指标得分2006～2012年增长迅速，2012～2018年有所回落，并逐渐保持稳定，2017年最高，2018年稍有回落；科技活动人员占海洋科研机构从业人员的比例指标得分比较稳定，2017年最高，2018年有所回落；万名科研人员承担的课题数指标得分在2016年以前保持稳定增长，2017年有所下降，2018年略有回升。

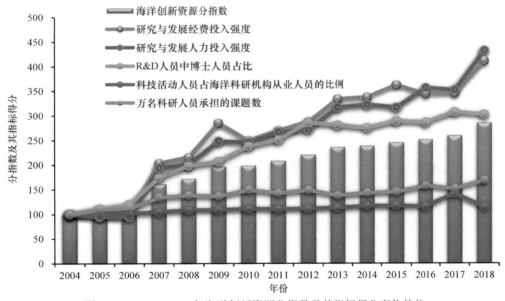

图 2-4　2004～2018 年海洋创新资源分指数及其指标得分变化趋势

R&D人员中博士人员占比指标得分能够反映一个国家海洋科技活动顶尖人才力量现状，科技活动人员占海洋科研机构从业人员的比例指标得分能够反映一个国家海洋创新活动科研力量的强度。2004～2018年，R&D人员中博士人员占比指标得分呈现先较快上升后略有回落的趋势，年均增长率为8.21%；科技活动人员占海洋科研机构从业人员的比例指标得分2004～2016年每年增长率基本持平，2017年和2018年变动相对较大，年均增长率为0.99%。

万名科研人员承担的课题数指标得分能够反映海洋科研人员从事海洋创新活动的强度。其变化呈现波动趋势，2004～2018年年均增长率为3.77%，2007年增长率最高，为19.63%。

第三节　海洋知识创造分指数评价

海洋知识创造是创新活动的直接产出，能够反映一个国家海洋领域的科研产出能力和知识传播能力。海洋知识创造分指数评价选取如下5个指标：①亿美元经济产出的发明专利申请数；②万名R&D人员的发明专利授权数；③本年出版科技著作；④万名科研人员发表的科技论文数；⑤国外发表的论文数占总论文数的比例。通过以上指标论证我国海洋知识创造的能力和水平，既能反映科技成果产出效应，又综合考虑了发明专利、科技论文、科技著作等各种成果产出。

一、海洋知识创造分指数稍有回落

从海洋知识创造分指数得分及其增长率来看，我国的海洋知识创造分指数得分在2004～2013年总体呈波动上升趋势，2014年有所下降，之后直至2017年保持稳定增长，2018年稍有回落（图2-5）。得分从2004年的100增长至2013年的306，年均增长率达13.25%；2014～2018年年均增长率为5.26%，但2018年与2017年相比，稍有回落。

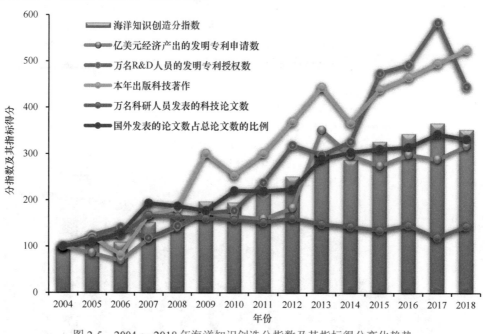

图 2-5　2004 ～ 2018 年海洋知识创造分指数及其指标得分变化趋势

二、5 个指标各有贡献

从海洋知识创造5个指标的变化趋势来看（图2-5），亿美元经济产出的发明专利申请数得分波动幅度较大，2012～2013年增长较快，由183上升到352，年增长率为92.19%。

万名R&D人员的发明专利授权数得分在2004～2017年增长迅猛，得分由2004年的100增长至2017年的585；但2018年回落明显，降至446；2004～2018年年均增长率为11.28%，其中，2004～2013年呈波动上升趋势，2014～2015年迅速增长，得分由327上升到475，年增长率为45.23%；2016～2017年的增长幅度也较大，年增长率为18.60%。

2004～2018年，本年出版科技著作得分呈现总体增长态势，年均增长率为12.58%。其中，2006～2007年与2008～2009年是该指标得分的快速上升阶段，也是其增长最快的两个阶段，年增长率分别为104.41%与65.56%；2010年以后，本年出版科技著作得分波动上升，2014年略有下降，2018年最高，为525。

万名科研人员发表的科技论文数即平均每万名科研人员发表的科技论文数，反映了科学研究的产出效率。总体来看，该指标得分呈现上升趋势，2016～2018年稍有波动，2004～2018年的年均增长率为2.66%。

国外发表的论文数占总论文数的比例是指一个国家在国外发表的论文数占该国发表的科技论文总数的比例，反映了科技论文的国际化普及程度。2004～2018年，该指标得分增长相对较快，年均增长率为8.96%。

第四节　海洋创新绩效分指数评价

海洋创新绩效分指数评价选取如下5个指标：①有效发明专利产出效率；②第三产业增加值占海洋生产总值的比例；③海洋劳动生产率；④海洋生产总值占国内生产总值的比例；⑤单位能耗的海洋经济产出。通过以上指标，反映我国海洋创新活动所带来的效果和影响。

一、海洋创新绩效分指数平稳上升

从海洋创新绩效分指数得分情况来看，我国的海洋创新绩效分指数从2004年的100增长至2018年的365，呈现平稳的增长态势，年均增长率为9.69%。2014～2015年的年增长率最高，为23.10%；2017～2018年的年增长率为22.67%（表2-2）。

二、5个指标变化趋势差异明显

有效发明专利产出效率是反映国家海洋创新产出能力与创新绩效水平的指标。总体来看，2004～2015年我国海洋有效发明专利产出效率得分呈现上升趋势，2016年稍有回落，2017～2018年增长明显。2004～2018年的年均增长率为17.26%（图2-6）。

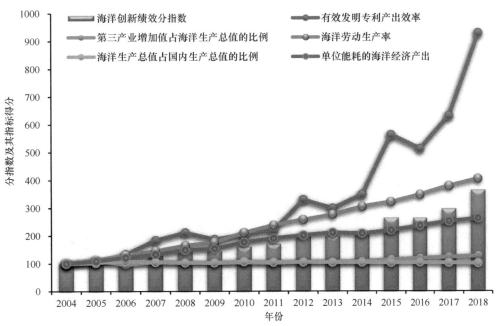

图 2-6　2004 ～ 2018 年海洋创新绩效分指数及其指标得分变化趋势

第三产业增加值占海洋生产总值的比例能够反映海洋产业结构优化程度和海洋经济提质增效的动力性能。总体上看，该指标得分较为平稳，增长速度缓慢，2004～2018年的年均增长率为1.74%。

海洋劳动生产率是指海洋科技人员的人均海洋生产总值，反映海洋创新活动对海洋经济产出的作用。2004～2018年，海洋劳动生产率得分迅速增长，年均增长率为10.51%，是海洋创新绩效分指数5个指标中得分增长最稳定的指标，2017～2018年的年增长率为6.77%。

单位能耗的海洋经济产出采用万吨标准煤能源消耗的海洋生产总值，测度海洋创新对减少资源消耗的效果，也反映出一个国家海洋经济增长的集约化水平。2004～2018年，单位能耗的海洋经济产出得分增长迅速，年均增长率为7.12%，呈现较为稳定的增长态势。

海洋生产总值占国内生产总值的比例反映海洋经济对国民经济的贡献，用来测度海洋创新对海洋经济的推动作用。该指标得分变化不明显，增长速度缓慢，2004～2018年年均增长率为0.07%。

第五节　海洋创新环境分指数评价

海洋创新环境包括创新过程中的硬环境和软环境，是提升我国海洋创新能力的重要基础和保障。海洋创新环境分指数反映一个国家海洋创新活动所依赖的外部环境，主要是制度创新和环境创新。海洋创新环境分指数评价选取如下4个指标：①沿海地区人均海洋生产总值；②R&D经费中设备购置费所占比例；③海洋科研机构科技经费筹集额中政府资金所占比例；④R&D人员人均折合全时工作量。

一、海洋创新环境逐渐改善

2004～2018年，海洋创新环境分指数得分总体上呈现稳步增长态势（图2-7），得分由2004年的100上升至2018年的210，年均增长率达5.43%，其中2007年的年增长率最大，为15.17%，其次是2009年，年增长率为11.08%（表2-2），2018年增幅明显下降，年增长率仅为1.75%。总体上，海洋创新环境逐年改善。

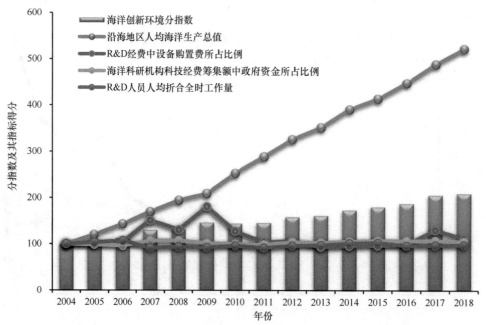

图 2-7　2004～2018 年海洋创新环境分指数及其指标得分变化趋势

二、优势指标增长趋势显著，其他指标呈现小幅波动

　　海洋创新环境分指数的指标中，相对优势指标为沿海地区人均海洋生产总值，对海洋创新环境分指数的正向贡献最大，涨势明显，2004～2018年的年均增长率为12.53%，保持稳定上升趋势。

　　其他指标如R&D经费中设备购置费所占比例、海洋科研机构科技经费筹集额中政府资金所占比例和R&D人员人均折合全时工作量，均存在小幅波动。R&D经费中设备购置费所占比例指标得分有一定的波动，总体呈下滑趋势，最高值出现在2009年，之后逐渐下降，由2009年的181下降至2018年的112。海洋科研机构科技经费筹集额中政府资金所占比例指标得分由2004年的100上升至2018年的106，虽有小幅波动，但整体呈现缓慢上升趋势；除2005年、2006年和2011年指标得分小于100外，其余年份得分均大于100。R&D人员人均折合全时工作量指标得分在100上下波动，最高为2006年的107，最低为2007年和2011年的92，整体上变动较小。

第三章　区域海洋创新指数评价

区域海洋创新是国家海洋创新的重要组成部分，深刻影响着国家海洋创新的格局。本章从行政区域、五大经济区和三大海洋经济圈等区域角度分析海洋创新的发展现状和特点，为我国海洋创新格局的优化提供科技支撑和决策依据。

《推动共建丝绸之路经济带和21世纪海上丝绸之路的愿景与行动》中提出"利用长三角、珠三角、海峡西岸、环渤海等经济区开放程度高、经济实力强、辐射带动作用大的优势"。从"一带一路"发展思路和我国沿海区域发展角度分析，我国沿海地区应积极优化海洋经济总体布局，实行优势互补、联合开发，充分发挥环渤海经济区、长江三角洲经济区、海峡西岸经济区、珠江三角洲经济区和环北部湾经济区5个经济区①（海洋经济区的界定见附录三）的引领作用，推进形成我国北部、东部和南部三大海洋经济圈（海洋经济圈的界定见附录三）。

从我国沿海省（自治区、直辖市）的区域海洋创新指数（区域海洋创新指数评价方法和指标体系说明见附录四）来看，2018年我国11个沿海省（自治区、直辖市）可分为4个梯次：第一梯次为广东；第二梯次为山东、江苏、上海、天津；第三梯次为海南、辽宁和福建；第四梯次为浙江、广西和河北。

从5个经济区的区域海洋创新指数来看，2018年区域海洋创新能力较强的地区为珠江三角洲经济区、长江三角洲经济区及环渤海经济区，这些地区均有区域创新中心，而且呈现多中心的发展格局。

从3个海洋经济圈的区域海洋创新指数来看，2018年我国海洋经济圈呈现北部和东部强而南部较弱的特点。东部和北部海洋经济圈的区域海洋创新指数略高于南部海洋经济圈，原始创新能力突出，表现出我国海洋人才重要集聚地和海洋经济产业重点发展区域的优势。

---

① 本次评价仅包括我国11个沿海省（自治区、直辖市），不涉及香港、澳门和台湾。

第一节　沿海省（自治区、直辖市）区域海洋创新梯次分明

根据2018年区域海洋创新指数得分（表3-1，图3-1），可将我国11个沿海省（自治区、直辖市）划分为4个梯次，其中，第一梯次和第二梯次得分均超过11个沿海省（自治区、直辖市）的平均分（40.73），第三梯次和第四梯次得分均低于40。

表3-1　2018年我国11个沿海省（自治区、直辖市）区域海洋创新指数及其分指数得分

沿海省（自治区、直辖市）	综合指数	分指数			
	区域海洋创新指数	海洋创新资源分指数	海洋知识创造分指数	海洋创新绩效分指数	海洋创新环境分指数
广东	63.39	58.41	78.06	51.39	65.67
山东	56.65	56.86	65.05	31.14	73.55
江苏	52.93	68.00	56.56	36.53	50.62
上海	49.99	42.84	32.26	50.59	74.29
天津	41.48	49.82	22.23	44.49	49.39
海南	37.21	47.13	30.00	28.12	43.60
辽宁	36.12	60.02	53.59	14.92	15.97
福建	30.87	24.76	18.50	27.69	52.53
浙江	28.68	19.19	44.57	20.06	30.90
广西	26.60	9.28	36.90	28.71	31.53
河北	24.13	22.18	7.34	13.88	53.14

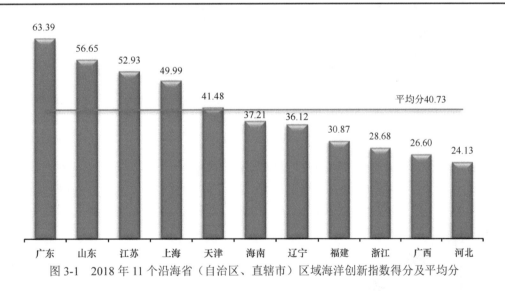

图3-1　2018年11个沿海省（自治区、直辖市）区域海洋创新指数得分及平均分

据区域海洋创新指数得分，第一梯次只有广东一个省份，区域海洋创新指数得分为63.39，约相当于11个沿海省（自治区、直辖市）平均水平的1.56倍，已连续两年（2017年和2018年）排名我国11个沿海省（自治区、直辖市）首位，其海洋创新发展具备坚实的基础，表现出较强的原始创新能力，并且创新能力不断提升。第二梯次为山东、江苏、上海和天津，区域海洋创新指数得分分别为56.65、52.93、49.99和41.48，高于11个沿海省（自治区、直辖市）的平均分（40.73）。山东由2017年的第三位上升至第二位。山东有一定的海洋创新基础，长期以来积累了大量的创新资源，创新环境较好，海洋知识创造能力较强，仅次于广东，但山东海洋创新绩效分指数得分较低，需要从

产业结构和经济发展等角度提高海洋创新绩效。江苏区域海洋创新指数得分为52.93，排名由2017年的第四位上升至第三位，其海洋创新资源分指数、海洋知识创造分指数和海洋创新环境分指数得分较高，拉动其海洋创新能力大幅提高。上海的排名由2017年的第二位下降至第四位，主要由于海洋知识创造分指数得分的下降。上海具有优越的海洋创新环境，得分依然保持在11个沿海省（自治区、直辖市）的首位。天津保持2017年的第五位，相较于2017年，天津的海洋创新资源分指数得分有所提升，海洋创新环境有所改善，但海洋知识创造和海洋创新绩效表现略差。第三梯次为海南、辽宁和福建，其区域海洋创新指数得分分别为37.21、36.12和30.87，低于平均水平。海南由2017年的第十名上升至第六名，主要是因为海洋创新资源分指数的快速发展拉动海洋创新能力的提高。辽宁的海洋创新绩效分指数和海洋创新环境分指数得分较低，福建的海洋知识创造分指数得分较低。第四梯次为浙江、广西和河北，其区域海洋创新指数得分分别为28.68、26.60和24.13，远低于平均水平。浙江的海洋创新资源分指数和海洋创新环境分指数得分均较低，拉低了其综合指数得分。从横向比较来看，广西和河北海洋创新资源处于劣势，知识创造效率不高。

从海洋创新资源分指数来看，2018年海洋创新资源分指数得分超过平均分的沿海省（自治区、直辖市）有江苏、辽宁、广东、山东、天津、海南和上海（图3-2）。其中，江苏区域海洋创新资源分指数得分为68.00，远高于其他地区；辽宁、广东和山东区域海洋创新资源分指数得分分别为60.02、58.41和56.86，远高于平均分（41.68）。

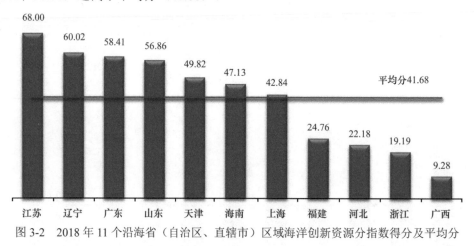

图 3-2　2018 年 11 个沿海省（自治区、直辖市）区域海洋创新资源分指数得分及平均分

从海洋知识创造分指数来看，2018年我国海洋知识创造分指数得分超过平均分的沿海省（自治区、直辖市）有广东、山东、江苏、辽宁和浙江（图3-3）。其中，广东区域海洋知识创造分指数

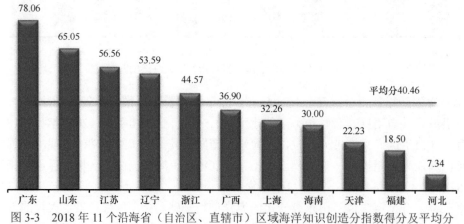

图 3-3　2018 年 11 个沿海省（自治区、直辖市）区域海洋知识创造分指数得分及平均分

得分为78.06，远高于40.46的平均分，这与广东较高的专利申请数及高产出、高质量的海洋科技论文密不可分；山东区域海洋知识创造分指数得分为65.05，这主要得益于海洋科技著作和发表论文数量较多；江苏区域海洋知识创造分指数得分为56.56，其主要贡献来自海洋科研人员高产出和高质量的科技论文；辽宁区域海洋知识创造分指数得分为53.59，这主要得益于海洋科技发明专利数和国外发表论文数。

从海洋创新绩效分指数来看，2018年海洋创新绩效分指数得分超过平均分的沿海省（自治区、直辖市）有广东、上海、天津和江苏（图3-4）。其中，广东区域海洋创新绩效分指数得分为51.39，主要原因是其有效发明专利数远高于其他地区，且拥有良好的海洋经济产出；上海区域海洋创新绩效分指数得分为50.59，主要得益于海洋劳动生产率和单位能耗的海洋经济产出得分较高；天津区域海洋创新绩效分指数得分为44.49，主要得益于得分较高的单位能耗的海洋经济产出和海洋劳动生产率指标；江苏区域海洋创新绩效分指数得分为36.53，主要原因是其海洋劳动生产率较高，这也得益于其较高的有效发明专利数。

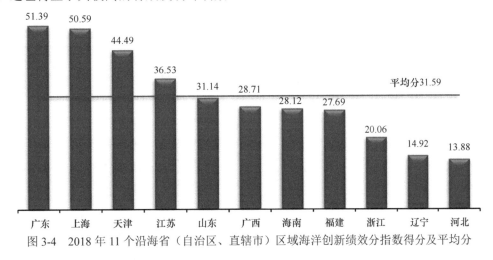

图3-4　2018年11个沿海省（自治区、直辖市）区域海洋创新绩效分指数得分及平均分

从海洋创新环境分指数来看，2018年得分超过平均分的沿海省（自治区、直辖市）有上海、山东、广东、河北、福建、江苏和天津（图3-5）。其中，上海区域海洋创新环境分指数得分为74.29，这得益于其良好的R&D经费中设备购置费所占比例和较高的沿海地区人均海洋生产总值指标；山东区域海洋创新环境分指数得分为73.55，得益于海洋科技经费中的政府资金环境；广东

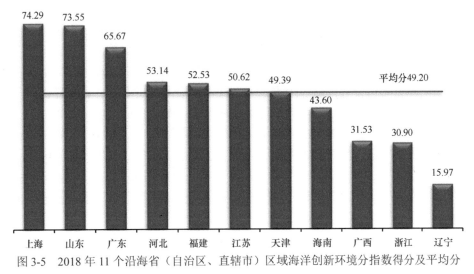

图3-5　2018年11个沿海省（自治区、直辖市）区域海洋创新环境分指数得分及平均分

R&D人员人均折合全时工作量指标得分较高，并且R&D经费中设备购置费所占比例较高，使其海洋创新环境分指数得分较高，为65.67，明显高于平均分。

第二节　五大经济区海洋创新稳定发展

环渤海经济区、长江三角洲经济区、海峡西岸经济区、珠江三角洲经济区和环北部湾经济区5个经济区海洋创新稳定发展。

环渤海经济区是指环绕着渤海全部及黄海的部分沿岸地区所组成的广大经济区域，是我国东部的黄金海岸，具有相当完善的工业基础、丰富的自然资源、雄厚的科技力量和便捷的交通条件，在全国经济发展格局中占有举足轻重的地位。2018年，环渤海经济区的区域海洋创新指数得分为39.60（表3-2），略低于11个沿海省（自治区、直辖市）的平均水平，海洋创新发展有进一步提升的空间。

表 3-2　2018 年我国 5 个经济区区域海洋创新指数及其分指数得分

经济区	综合指数	分指数			
	区域海洋创新指数	海洋创新资源分指数	海洋知识创造分指数	海洋创新绩效分指数	海洋创新环境分指数
环渤海经济区	39.60	47.22	37.05	26.11	48.01
长江三角洲经济区	43.87	43.34	44.46	35.73	51.94
海峡西岸经济区	30.87	24.76	18.50	27.69	52.53
珠江三角洲经济区	63.39	58.41	78.06	51.39	65.67
环北部湾经济区	31.91	28.20	33.45	28.41	37.56
平均	41.93	40.39	42.30	33.87	51.14

长江三角洲经济区位于我国东部沿海、沿江地带交汇处，区位优势突出，经济实力雄厚。长江三角洲经济区以上海为核心，以技术型工业为主，技术力量雄厚、前景好、政府支持力度大、环境优越、教育发展好、人才资源充足，是我国最具发展活力的沿海地区。2018年，长江三角洲经济区的区域海洋创新指数得分为43.87，高于11个沿海省（自治区、直辖市）的平均水平，大量的海洋创新资源和优良的海洋创新环境为长江三角洲经济区海洋科技与经济发展创造了良好的条件，海洋创新成果突出。

海峡西岸经济区以福建为主体，包括周边地区，南与珠江三角洲经济区、北与长江三角洲经济区衔接，东与台湾、西与江西贯通，是具备独特优势的地域经济综合体，具有带动全国经济走向世界的特点。2018年，海峡西岸经济区的区域海洋创新指数得分为30.87，低于5个经济区的平均水平，区域海洋创新环境分指数得分高于平均水平，有着较好的发展潜质，但海洋知识创造分指数与海洋创新资源分指数水平较低，海洋创新发展能力有待进一步提升。

珠江三角洲经济区主要指我国南部的广东，与香港、澳门两个特别行政区接壤，科技力量与人才资源雄厚，海洋资源丰富，是我国经济发展最快的地区之一。珠江三角洲经济区的区域海洋创新指数得分为63.39，远高于11个沿海省（自治区、直辖市）的平均水平，在5个经济区中位居首位。该经济区区域海洋创新环境分指数得分相对较低，但海洋创新资源密集、知识创造硕果累累、创新绩效优势突出。

环北部湾经济区地处华南经济圈、西南经济圈和东盟经济圈的结合部，是我国西部大开发地区中唯一的沿海区域，也是我国与东南亚国家联盟（简称东盟）的海上通道和陆地接壤的区域，区位优势明显，战略地位突出。环北部湾经济区的区域海洋创新指数得分为31.91，远低于11个沿海省（自治区、直辖市）的平均水平，在5个经济区中居倒数第二位，与长江三角洲经济区及珠江三角洲经济区的差距较大。

第三节 三大海洋经济圈海洋创新差距缩小

《全国海洋经济发展"十三五"规划（公开版）》多次提及"一带一路"倡议，要求北部、东部和南部三大海洋经济圈加强与"一带一路"倡议的合作。三大海洋经济圈依据各自的资源禀赋和发展潜力，在定位和产业发展上有所区别，创新定位亦有所不同。

2018年，东部海洋经济圈的区域海洋创新指数得分为43.87，居三大海洋经济圈之首（表3-3）。4个分指数中得分较高的是海洋创新环境分指数和海洋知识创造分指数，分别为51.94和44.46，两个分指数对该区域的海洋创新指数有正贡献，充分说明该区域优势突出，经济实力雄厚，具有明显优势的海洋创新环境和较高的海洋知识创造水平为区域海洋科技与经济发展创造了良好的条件。得分较低的是海洋创新资源分指数和海洋创新绩效分指数，分别为43.34和35.73，拉低了区域海洋创新指数得分（图3-6）。东部海洋经济圈面向亚洲及太平洋地区，港口航运体系完善，海洋经济外向型程度高，是我国参与经济全球化的重要区域，也是"一带一路"倡议与长江经济带发展战略的交汇区域，可将战略性成果通过新亚欧大陆桥往西传递，实现陆海联动。针对其产业基础丰富与海洋经济高层次发展的特色，区域海洋创新定位需与经济的外向型和高层次特点相一致。

表 3-3 2018 年我国三大海洋经济圈区域海洋创新指数及其分指数得分

经济圈	综合指数	分指数			
	区域海洋创新指数	海洋创新资源分指数	海洋知识创造分指数	海洋创新绩效分指数	海洋创新环境分指数
北部海洋经济圈	39.60	47.22	37.05	26.11	48.01
东部海洋经济圈	43.87	43.34	44.46	35.73	51.94
南部海洋经济圈	39.52	34.89	40.86	33.98	48.33

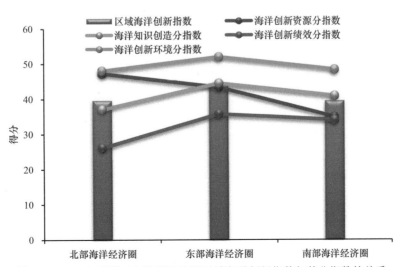

图 3-6 2018 年我国三大海洋经济圈区域海洋创新指数与其分指数的关系

北部海洋经济圈的区域海洋创新指数得分为39.60，得分在三大海洋经济圈居中。4个分指数中海洋创新资源分指数和海洋创新环境分指数对区域海洋创新指数有正贡献，得分分别为47.22和48.01；海洋知识创造分指数和海洋创新绩效分指数的得分比较低，分别为37.05和26.11。北部海洋经济圈的区域海洋创新指数得分较低的原因主要是海洋创新绩效相对较弱，海洋创新发展有待进一步提高。北部海洋经济圈的海洋经济发展基础雄厚，海洋科研教育优势突出，是北方地区对外开放的重要平台，区域海洋创新定位需与转型升级的经济发展相适应，立足于北方经济，在制造业输出上发力。

南部海洋经济圈的区域海洋创新指数得分为39.52，在三大海洋经济圈中最低。4个分指数中，海洋创新环境分指数得分最高，为48.33。南部海洋经济圈在三大海洋经济圈中得分最低，提升空间较大。南部海洋经济圈海域辽阔、资源丰富、战略地位突出，面向东盟十国，着眼于国际贸易，是我国保护和开发南海资源、维护国家海洋权益的重要基地。区域海洋创新定位需考虑丰富的海洋资源和特色产品优势，进一步发挥珠江口及两翼的创新总体优势，带动福建、北部湾和海南岛沿岸发挥区位优势，共同发展，使海洋创新驱动经济发展的模式辐射至整个南部海洋经济圈。

第四章 国家海洋创新能力与海洋经济协调关系测度研究

在海洋强国建设对科技创新需求日益强烈的当下，充分发挥科技对海洋经济发展的支撑引领作用尤为重要，海洋科技创新与经济协调发展已经成为海洋强国建设和经济可持续发展的关键性因素。因此，评价国家海洋创新能力与海洋经济的协调性是海洋强国建设中亟须厘清的重要任务，分析判断国家海洋创新与海洋经济的协调发展趋势，提出高效的协调发展对策建议，将为海洋科技发展向创新引领型转变和海洋经济高质量发展提供理论与科学依据。

本章建立了国家海洋科技创新与海洋经济发展两个系统的评价指标体系，在海洋科技创新与海洋经济各项投入产出指标的基础上，创新性地增加了海洋创新绩效和海洋经济潜力指标，有效地对海洋创新的效率及海洋经济发展的质量和潜力予以考量。在协调度模型的基础上采用均方差法测算评价指标体系中各个指标的权重，进而测算2004～2018年我国海洋创新与海洋经济的协调度和协调发展度。

研究结果表明，我国海洋科技创新与海洋经济发展水平逐年提高，协调关系由中度失调衰退转变为良好协调发展，协调程度变化大致分为两个阶段：2004～2006年海洋科技创新滞后于海洋经济发展；2007～2018年海洋科技创新驱动海洋经济发展。在此基础上，提出加大海洋创新投入与提高海洋创新绩效的创新发展建议、加快海洋经济结构调整与产业升级的海洋经济发展对策、统筹海洋创新与海洋经济协调发展等对策建议。

第一节　海洋创新与海洋经济协调关系的重要性

党的十八大强调："科技创新是提高社会生产力和综合国力的战略支撑，必须摆在国家发展全局的核心位置。"强调创新是民族和国家发展的不竭动力，要坚持走中国特色自主创新道路、实施创新驱动发展战略。2013年7月，习近平总书记在中共中央政治局第八次集体学习时，对海洋科技提出总体要求，确定了未来中国中长期海洋科技发展的重点方向。海洋创新是国家创新的组成部分，是新型国家创新体系中具备前瞻性和战略性的重要领域。21世纪以来，经略海洋已成为时代趋势，海洋科技创新发展迅猛，对海洋经济发展的贡献不断提升。国家"十二五"规划将海洋经济提到了战略高度，沿海地区相继提出海洋经济发展规划，党的十八大报告中强调要发展海洋经济，党的十九大报告又指出："坚持陆海统筹，加快建设海洋强国。"在海洋强国建设对科技创新需求十分强烈的当下，充分发挥科技对海洋经济发展的支撑引领作用尤为重要，海洋科技创新与经济协调发展已经成为海洋强国建设和经济可持续发展的关键性因素。因此，评价国家海洋创新能力与海洋经济的协调性是海洋强国建设中亟须厘清的重要任务，分析判断国家海洋创新与海洋经济的协调发展趋势，提出高效的协调发展对策建议，将为海洋科技发展向创新引领型转变和海洋经济高质量发展提供理论与科学依据。

针对经济和创新的协调度研究，国内学者中既有聚焦于国家和区域层面的分析，又有针对海洋领域经济与科技的协调分析。国家和区域层面的分析，有针对模型的研究，例如，孟庆松等[1]在1998年就针对科技-经济系统的协调模型进行了研究，后又有针对科技-经济-生态系统协调度模型[2]等的研究；也有注重评价分析的研究，例如，仵凤清等[3]建立了经济系统和科技系统的评价指标体系，并从国家整体和省级区域两个层面探讨了科技与经济的协调关系，程华等[4]以广东省为例探讨了区域科技与经济发展水平的协调度，张晓晓等[5]从协同学视角分析了区域科技-经济系统协调性，郭江江等[6]从省际差异的宏观角度对全国29个省（自治区、直辖市）的科技与经济社会发展协调程度进行了分析，刘凤朝等[7]通过回归拟合和协调度的计算，对辽宁省经济-科技系统发展的协调状况进行了定量分析，王维等[8]基于我国18个较大城市的面板数据进行了区域科技人才、工业经济与生态环境协调发展的研究，如牛方曲和刘卫东[9]对中国区域科技创新资源分布及其与经济发展水平协同测度的研究。

近几年，在创新驱动发展和海洋强国战略的推动下，有学者不断关注海洋领域中科技与经济的协调关系，殷克东等[10]、谢子远[11]运用主成分分析科学地评估了海洋科技创新与海洋经济可持续发展之间的关系，王泽宇和刘凤朝[12]通过建立协调度模型从宏观上对海洋经济发展与海洋科技创新

① 孟庆松, 韩文秀, 金锐. 科技—经济系统协调模型研究[J]. 天津师大学报(自然科学版), 1998, 18(4): 8-12.
② 吴丹, 胡晶. 我国科技—经济—生态系统的综合发展水平及其协调度评价——基于灰关联投影寻踪协调度组合评价模型[J]. 工业技术经济, 2017, (5): 140-146.
③ 仵凤清, 李玉仙, 张玺才. 中国科技与经济协调度的研究[J]. 统计与决策, 2008, (16): 41-42.
④ 程华, 李莉, 陈丽清. 区域科技与经济发展水平的协调度研究——以广东省为例[J]. 未来与发展, 2013, (6): 109, 116-120.
⑤ 张晓晓, 莫燕, 许斌. 区域科技—经济系统协调性分析与控制: 协同学视角的研究[J]. 科技和产业, 2013, 13(1): 81-83, 106.
⑥ 郭江江, 戚巍, 缪亚军, 等. 我国科技与经济社会发展的测度研究[J]. 中国科技论坛, 2012, (5): 123-129.
⑦ 刘凤朝, 潘雄锋, 施定国. 辽宁省经济科技系统协调发展评价与分析[J]. 研究与发展管理, 2006, (5): 97-101, 115.
⑧ 王维, 张建业, 乔朋华. 区域科技人才、工业经济与生态环境协调发展研究——基于我国18个较大城市的面板数据[J]. 科技进步与对策, 2014, 31(7): 43-48.
⑨ 牛方曲, 刘卫东. 中国区域科技创新资源分布及其与经济发展水平协同测度[J]. 地理科学进展, 2012, 31(2): 149-155.
⑩ 殷克东, 王伟, 冯晓波. 海洋科技与海洋经济的协调发展关系研究[J]. 海洋开发与管理, 2009, 26(2): 107-112.
⑪ 谢子远. 沿海省市海洋科技创新水平差异及其对海洋经济发展的影响[J]. 科学管理研究, 2014, 32(3): 76-77.
⑫ 王泽宇, 刘凤朝. 我国海洋科技创新能力与海洋经济发展的协调性分析[J]. 科学学与科学技术管理, 2011, 32(5): 42-47.

之间的协调度进行了度量，张璐和张永庆[1]以创新理论、区域经济理论和可持续发展理论为基础，测算了山东省2006～2014年海洋科技创新与海洋经济发展的协调性状况及变化趋势，得出山东省协调度类型由中度失调衰退、海洋科技创新滞后型转变为良好协调发展、海洋经济滞后型的结论。这些研究对协调度模型的创新指标设置大多为从投入产出角度出发选取海洋创新绝对数指标，如海洋科研机构数量、科研机构课题数等，而对于海洋创新绩效方面未做考虑，对创新指标的评价尚需完善。除此之外，现有研究对海洋经济发展基本为静态评价，只关注现有海洋经济发展水平，未考虑海洋经济未来发展潜力。

　　本书参考了王米垚对协调度的定义，构建国家海洋创新与海洋经济指标子系统，并创新性地加入了海洋创新绩效和海洋经济潜力指标，将海洋科技成果的转化效率和海洋经济的未来潜力作为海洋创新和海洋经济发展的重要考量，运用均方差法及协调度模型对两个子系统的综合得分和协调度进行测度，分析了海洋创新与海洋经济发展的变化趋势，更全面地评价了我国海洋创新和海洋经济发展水平及二者之间的协调关系，为我国海洋创新推动海洋经济高质量发展提供理论支持和对策建议。

第二节　指标体系与模型构建

　　评价国家海洋创新能力与海洋经济协调关系，涉及海洋科技创新与海洋经济发展两个子系统，这两个子系统间存在复杂性与多维性，因此选择最能恰当反映海洋科技创新和经济发展的相关指标是讨论国家海洋创新能力和海洋经济协调度的重要前提。协调度模型是在参考了郭江江等[2]运用的协调性模型的基础上加以改进，用均方差法对指标体系进行加权，得到海洋科技创新与海洋经济发展的综合得分，进而分析二者的协调关系。本书还将协调度与系统发展水平综合起来，进一步探究了系统中海洋科技创新与海洋经济发展的协调发展度问题。

一、指标体系

　　指标选择的基本原则是简明性、针对性、可持续性[3]。代表海洋科技创新和经济发展的指标数不胜数，为便于指标数据的收集和整理，在指标选择时应尽量简洁明了、有针对性，同时要保证指标的代表性和数据的可获得性，并且还要恰当地反映出科技创新和经济发展的水平与变化趋势。

　　本书对国家海洋创新能力和海洋经济这两方面的评价进行结构分解，构建各有侧重又相互联系的海洋科技创新与海洋经济发展两个子系统[4]来综合反映二者的协调关系。每个子系统由3个分指数构成，每个分指数有相应的指标支撑，能够更好地考量海洋创新效率及海洋经济发展的质量和潜力，具体指标体系见表4-1。海洋科技创新子系统的分指数构成方面，用海洋科技经费、课题及人力资源等指标测度海洋创新投入分指数，用海洋科技论文、著作与专利等指标测度海洋创新产出分指数，并增加海洋创新绩效分指数，用成熟应用的海洋科技成果占比、海洋科技进步贡献率和海洋劳动生产率3个指标测度。海洋经济发展子系统的分指数构成方面，用海洋生产总值和海洋产业增加值等指标测度海洋经济规模分指数，用主要海洋产业占比等指标测度海洋经济结构分指数，用海洋生产总值增长速度、海洋生产总值占国内生产总值的比例和单位能耗的海洋经济产出3个指标测度增加的海洋经济潜力分指数。

① 张璐, 张永庆. 山东省海洋科技创新与海洋经济发展的协调性研究[J]. 物流科技, 2019, 42(1): 135-142.
② 郭江江, 戚巍, 缪亚军, 等. 我国科技与经济社会发展协调度的测度研究[J]. 中国科技论坛, 2012, (5): 123-129.
③ 李晓璇, 刘大海, 工春娟, 等. 区域海洋创新能力评估与影响因子分析[J]. 科技和产业, 2016, 16(8): 85-92.
④ 王米垚. 区域海洋科技创新与蓝色经济发展协调度研究[D]. 哈尔滨: 哈尔滨工业大学硕士学位论文, 2017.

表 4-1 国家海洋创新与海洋经济指标体系

子系统	分指数	指标
海洋科技创新（A）	海洋创新投入（A_1）	海洋研究与发展经费投入强度（C_{11}）
		海洋研究与发展人力投入强度（C_{12}）
		海洋科技活动人员中高级职称人员所占比例（C_{13}）
		海洋科技活动人员占海洋科研机构从业人员的比例（C_{14}）
		万名海洋科研人员承担的课题数（C_{15}）
	海洋创新产出（A_2）	亿美元海洋经济产出的发明专利申请数（C_{21}）
		海洋科研机构万名 R&D 人员的发明专利授权数（C_{22}）
		海洋科研机构本年出版科技著作（C_{23}）
		万名海洋科研人员发表的科技论文数（C_{24}）
		海洋领域国外发表的论文数占总论文数的比例（C_{25}）
	海洋创新绩效（A_3）	成熟应用的海洋科技成果占比（C_{31}）
		海洋科技进步贡献率（C_{32}）
		海洋劳动生产率（C_{33}）
海洋经济发展（B）	海洋经济规模（B_1）	海洋生产总值（C_{41}）
		沿海地区人均海洋生产总值（C_{42}）
		海洋产业增加值（C_{43}）
	海洋经济结构（B_2）	主要海洋产业占比（C_{51}）
		海洋生产总值中第三产业占比（C_{52}）
		海洋科研教育管理服务业占海洋生产总值的比重（C_{53}）
	海洋经济潜力（B_2）	海洋生产总值增长速度（C_{61}）
		海洋生产总值占国内生产总值的比例（C_{62}）
		单位能耗的海洋经济产出（C_{63}）

二、协调度模型构建

本书对2004～2018年海洋科技创新和海洋经济发展子系统的指标数据进行标准化处理，并运用客观赋权法中的均方差法[①]对指标赋权，其中，海洋科技创新子系统的分指数A_1、A_2和A_3权重分别为0.3546、0.4088和0.2364，海洋经济发展子系统的分指数B_1、B_2和B_3权重分别为0.3590、0.3102和0.3308，两个子系统各项指标权重结果见表4-2。通过测算指标、分指数，进而得到海洋科技创新和海洋经济发展两个子系统的综合得分，分别用S_u和S_e表示。

表 4-2 2004～2018 年国家海洋科技创新与海洋经济发展指标权重

指标	C_{11}	C_{12}	C_{13}	C_{14}	C_{15}	C_{21}	C_{22}	C_{23}	C_{24}	C_{25}	C_{31}
权重	0.0806	0.0757	0.0652	0.0602	0.0729	0.0838	0.0820	0.0853	0.0734	0.0843	0.0714

指标	C_{32}	C_{33}	C_{41}	C_{42}	C_{43}	C_{51}	C_{52}	C_{53}	C_{61}	C_{62}	C_{63}
权重	0.0838	0.0812	0.1144	0.1156	0.1290	0.0891	0.1217	0.0994	0.1128	0.0905	0.1275

得到国家海洋科技创新和海洋经济发展综合得分后，运用协调度评价模型计算海洋科技创新与

① 张璐, 张永庆. 山东省海洋科技创新与海洋经济发展的协调性研究[J]. 物流科技, 2019, 42(1): 135-142.

海洋经济发展的协调程度，测算模型如下

$$C=\left[\frac{S_{ui} \times S_{ei}}{\left(\dfrac{S_{ui}+S_{ei}}{2}\right)^2}\right]^{K} \tag{4-1}$$

式中，S_{ui} 和 S_{ei} 分别为第 i 年海洋科技创新子系统和海洋经济发展子系统综合得分；C 为协调度；K 为调节系数（$K \geqslant 2$），本书取 $K=2$。C 反映了国家海洋科技创新与海洋经济发展协调性的数量程度。C 越接近1，说明海洋科技创新与海洋经济发展协调性越高；反之，协调性越低。

　　然而协调度反映了在一定条件下，国家海洋科技创新与海洋经济发展组合协调的数量程度与变动关系，不能反映国家海洋科技创新和海洋经济发展的协调发展趋势。因此，本书还将协调度与系统发展水平综合起来，进一步探究系统中海洋创新与海洋经济的协调发展度（用 D 表示），既能度量海洋科技创新能力的高低与海洋经济协调水平的高低，又能体现海洋科技创新能力与海洋经济发展的整体协同效应或贡献，测算公式如下

$$D=\sqrt{C \times (\alpha S_{ui}+\beta S_{ei})} \tag{4-2}$$

式中，α 和 β 均为待定系数，且满足 $\alpha+\beta=1$，具体可以利用专家系统确定。本书认为海洋科技创新与海洋经济发展同等重要，故取 $\alpha=1/2$，$\beta=1/2$，令 $T=\alpha S_{ui}+\beta S_{ei}$（$T$ 为综合得分指数），则 D 可表示为

$$D=\sqrt{C \times T} \tag{4-3}$$

　　根据协调发展度的大小，将国家海洋创新能力与海洋经济的协调发展状况划分为五大类，见表4-3。

表 4-3　协调发展度等级划分

协调发展度	类型	第一层次	第二层次
> 0.8 ~ 1.0	良好协调发展	$S_{ei} > S_{ui}$	良好协调发展，海洋创新滞后
		$S_{ei}=S_{ui}$	良好协调发展，海洋创新与海洋经济同步
		$S_{ei} < S_{ui}$	良好协调发展，海洋经济滞后
> 0.6 ~ 0.8	中度协调发展	$S_{ei} > S_{ui}$	中度协调发展，海洋创新滞后
		$S_{ei}=S_{ui}$	中度协调发展，海洋创新与海洋经济同步
		$S_{ei} < S_{ui}$	中度协调发展，海洋经济滞后
> 0.4 ~ 0.6	勉强协调发展	$S_{ei} > S_{ui}$	勉强协调发展，海洋创新滞后
		$S_{ei}=S_{ui}$	勉强协调发展，海洋创新与海洋经济同步
		$S_{ei} < S_{ui}$	勉强协调发展，海洋经济滞后
> 0.2 ~ 0.4	中度失调衰退	$S_{ei} > S_{ui}$	中度失调衰退，海洋创新滞后
		$S_{ei}=S_{ui}$	中度失调衰退，海洋创新与海洋经济同步
		$S_{ei} < S_{ui}$	中度失调衰退，海洋经济滞后
0 ~ 0.2	严重失调衰退	$S_{ei} > S_{ui}$	严重失调衰退，海洋创新滞后
		$S_{ei}=S_{ui}$	严重失调衰退，海洋创新与海洋经济同步
		$S_{ei} < S_{ui}$	严重失调衰退，海洋经济滞后

第三节 海洋创新与海洋经济协调实证分析

本书所选海洋科技创新和海洋经济发展两个子系统相关指标的数据来源于科学技术部科技统计数据、《国家海洋创新指数报告2017~2018（英汉修订版）》[①]、《中国海洋统计年鉴2017》、《国家海洋创新指数报告2019》[②]和2004~2019年中国海洋经济统计公报。首先对数据进行标准化处理，用均方差法算出海洋科技创新子系统和海洋经济发展子系统下各指标的权重，并测算两个子系统的综合得分，进而计算出2004~2018年二者的综合得分及协调度。

一、海洋科技创新子系统分析

2004~2016年，我国国家海洋科技创新总体上处于稳步增长状态，得分从0.05增加到0.86，年均增长率为23.19%。构成海洋科技创新子系统的分指数得分也在不断增加，其中，海洋创新产出的增速最快，其次是海洋创新绩效，第三是海洋创新投入。2018年海洋创新投入分指数得分是2004年的13.14倍，年均增长率为20.2%；海洋创新产出增速较为明显，年均增长率为26.69%；海洋创新绩效年均增长率为23.39%。2004~2011年，海洋创新投入分指数得分和海洋创新产出分指数得分均逐年提高并且得分较为接近（图4-1）；2012~2018年，海洋创新产出分指数得分明显高于海洋创新投入分指数得分，为海洋科技创新的提高做出了突出贡献。

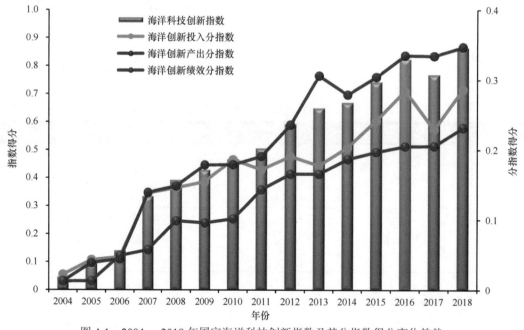

图 4-1　2004～2018 年国家海洋科技创新指数及其分指数得分变化趋势

（1）海洋创新投入大幅提升。海洋创新投入得分由2004年的0.02增长到2018年的0.29。其中，海洋研究发展经费投入强度由0.02增加到1，海洋研究发展人力投入强度由0.02增加到1。海洋研究发展经费与人力投入强度的不断增加及海洋科技活动人员占海洋科研机构从业人员比例的增加是我国海洋科技创新综合得分快速提升的直接原因。

（2）海洋创新产出显著增加。海洋创新产出分指数的权重在海洋科技创新子系统中最高，权

① 刘大海, 何广顺. 国家海洋创新指数报告2017~2018(英汉修订版)[M]. 北京: 科学出版社, 2019.
② 刘大海, 何广顺. 国家海洋创新指数报告2019[M]. 北京: 科学出版社, 2019.

重略高于0.40，其增长对子系统综合得分的增长贡献最大。2014年我国海洋创新产出分指数得分有所下降，之后实现稳定增长，对海洋科技创新子系统的稳步增长做出了突出贡献。在构成分指数的指标中，海洋科研机构本年出版科技著作大幅增加，海洋科研机构万名R&D人员的发明专利授权数、海洋领域国外发表的论文数占总论文数的比例两个指标也有显著提高。随着国家政策向海洋倾斜，越来越多的学者投身于海洋科技创新的研究，许多海洋科技创新项目取得重大进展，海洋创新产出明显增加，如"蓝鲸1号"南海试采可燃冰、"蛟龙"号探海等标志着一批涉海关键技术和重要装备建设取得突破。

（3）海洋创新绩效明显提高。海洋创新绩效分指数得分由2004年的0.01提高至2018年的0.23，构成该分指数的三个指标均有大幅增长，其中，2018年海洋劳动生产率是2004年的4.05倍，年均增长率达10.50%，对海洋科技创新综合得分的提高有显著的正向贡献，海洋科技进步贡献率和成熟应用的海洋科技成果占比两个指标年均增长率分别为2.70%和2.25%，可见，海洋科技成果的利用效率提升速度仍需加快。海洋创新绩效在海洋科技创新子系统中权重最低，与海洋创新投入和海洋创新产出相比，得分也最低，仍有很大提升空间。

二、海洋经济发展子系统分析

从图4-2中可以看出，海洋经济发展子系统综合得分逐年增加，得分从0.18增加到0.82，年均增长率为11.25%，海洋经济发展有了较大提升。近年，国家对海洋经济的发展非常重视，政策扶持力度较大，我国沿海地区经济发展瞄准潜力巨大的海洋资源，着重加快发展海洋产业，这些政策和措施很大程度上促进了我国海洋经济发展。2003年5月，国家发展和改革委员会、国土资源部、国家海洋局组织制订的《全国海洋经济发展规划纲要》，旨在促进沿海地区经济合理布局和产业结构调整，保持我国国民经济持续健康快速发展。在构成海洋经济发展综合得分的指标中，海洋经济规模分指数得分比其他两项要高，变化幅度也最大，且呈直线上升趋势，为海洋经济发展综合得分的增长做出了突出贡献。海洋经济结构分指数得分在2009年后呈稳定上升趋势，说明海洋经济结构不断优化。海洋经济潜力分指数得分在2004～2011年波动较大，但在2011年后趋于平稳。

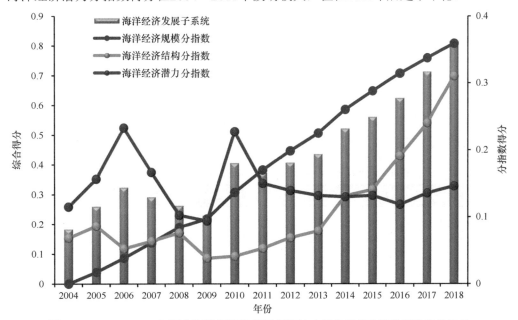

图4-2　2004～2018年国家海洋经济发展子系统综合得分及其分指数得分变化趋势

（1）海洋经济规模扩大明显。从海洋经济总量迅速增加、海洋经济以较快的年增长率快速发展等角度都可得知海洋经济规模的扩大。海洋经济规模分指数权重在海洋经济发展子系统中最高，并且分指数下各个指标权重也较为平均，为海洋经济发展综合得分的增加做出了较大贡献。具体来看，海洋生产总值、沿海地区人均海洋生产总值和海洋产业增加值的增加是我国海洋经济发展综合得分增加的直接原因。随着海水养殖、海洋石油等新兴海洋产业的兴起，海洋生产技术和海洋勘探技术快速发展，促进了海洋生产力的提高，为国家海洋经济发展增添活力。

（2）海洋经济结构亟待优化。我国海洋经济结构分指数得分2004年为0.07，2018年为0.31。海洋经济结构分指数得分在2004～2007年高于海洋经济规模分指数得分，2008～2018年得分低于海洋经济规模分指数得分。2004～2016年，海洋经济结构中的主要海洋产业占比一直维持在40%左右，海洋科研教育管理服务业占海洋生产总值的比例围绕18%上下波动，是我国海洋经济结构分指数得分仅在一定范围内波动的重要原因。但从2016～2018年来看，海洋经济结构分指数中的主要海洋产业占比均超过40%并呈增长趋势，海洋科研教育管理服务业占海洋生产总值的比例超过20%并且增速较快，这也拉动了海洋经济结构分指数在2016～2018年快速提高，说明海洋经济结构在2016～2018年优化趋势明显。因此，发展主要海洋产业，鼓励海洋科研教育管理服务业，优化海洋经济结构是实现我国海洋经济高质量发展的可持续动力。

（3）海洋经济潜力有待激发。我国海洋经济潜力分指数得分2004年为0.11，2018年为0.15，总体来看，海洋经济潜力分指数得分波动较大，在2006年和2010年有过两次峰值，但2014年以来一直维持在较低水平。单位能耗的海洋经济产出的逐年上升一定程度上有助于激发海洋经济潜力，但是我国海洋生产总值增长速度有所放缓，加上海洋生产总值占国内生产总值的比例增长幅度不大，使得我国海洋经济潜力分指数得分一直出现波动变化。

三、国家海洋创新与海洋经济协调关系分析

根据公式测算协调度与协调发展度，结果见表4-4。海洋科技创新与海洋经济发展两个子系统得分有一定的趋势和变化，大致分为两个阶段：第一阶段是2004～2006年，海洋科技创新滞后于海洋经济发展；第二阶段是2007～2018年，海洋经济发展滞后于海洋科技创新。根据协调类型大致可分为4个阶段：第一阶段是2004～2005年，中度失调衰退阶段，海洋科技创新滞后于海洋经济发展；第二阶段是2006～2009年，勉强协调发展阶段，2006年海洋科技创新滞后，2007年开始海洋经济发展滞后；第三阶段是2010～2015年，中度协调发展阶段；第四阶段是2016～2018年，进入良好协调发展阶段，但海洋经济发展仍滞后于海洋科技创新。结合国家海洋科技创新与海洋经济发展协调关系图（图4-3）可以看出：总体来看，国家海洋科技创新与海洋经济发展的协调度与协调发展度逐年上升且协调度的数值大于协调发展度。

表 4-4　2004～2018 年国家海洋创新与海洋经济协调度总结

年份	S_{ti}	S_{ei}	C	T	D	协调类型
2004	0.0467	0.1832	0.4187	0.1149	0.2194	中度失调衰退，海洋科技创新滞后
2005	0.0940	0.2599	0.6087	0.1769	0.3282	中度失调衰退，海洋科技创新滞后
2006	0.1395	0.3236	0.7089	0.2315	0.4052	勉强协调发展，海洋科技创新滞后
2007	0.3339	0.2913	0.9907	0.3126	0.5565	勉强协调发展，海洋经济发展滞后
2008	0.3922	0.2627	0.9233	0.3274	0.5498	勉强协调发展，海洋经济发展滞后
2009	0.4285	0.2291	0.8246	0.3288	0.5207	勉强协调发展，海洋经济发展滞后
2010	0.4662	0.4049	0.9901	0.4356	0.6567	中度协调发展，海洋经济发展滞后
2011	0.5056	0.3727	0.9548	0.4392	0.6475	中度协调发展，海洋经济发展滞后

年份	S_{ui}	S_{ei}	C	T	D	协调类型
2012	0.5920	0.4066	0.9323	0.4993	0.6823	中度协调发展，海洋经济发展滞后
2013	0.6492	0.4358	0.9241	0.5425	0.7080	中度协调发展，海洋经济发展滞后
2014	0.6690	0.5214	0.9695	0.5952	0.7596	中度协调发展，海洋经济发展滞后
2015	0.7427	0.5606	0.9613	0.6517	0.7915	中度协调发展，海洋经济发展滞后
2016	0.8245	0.6238	0.9620	0.7241	0.8346	良好协调发展，海洋经济发展滞后
2017	0.7689	0.7128	0.9971	0.7408	0.8595	良好协调发展，海洋经济发展滞后
2018	0.8649	0.8152	0.9982	0.8400	0.9157	良好协调发展，海洋经济发展滞后

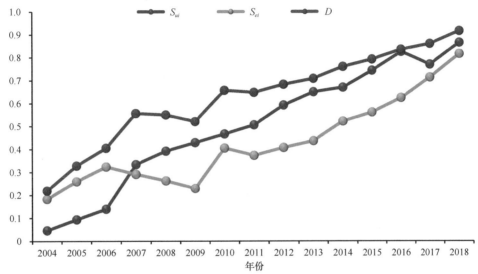

图 4-3　2004～2018 年国家海洋科技创新与海洋经济发展协调关系

　　协调度表示系统内各部分的协调性，即海洋科技创新与海洋经济发展的协调程度。2004～2018年，我国海洋科技创新与海洋经济发展协调度有较大提高，年均增长率为6.4%。其中，2004～2006年协调度较低，这期间我国海洋科技创新与海洋经济发展存在显著的不协调。2007年我国海洋科技创新与海洋经济发展协调度有大幅提高，由表4-4可以看出，我国2007年海洋科技创新与海洋经济发展子系统综合得分接近，因此海洋科技创新与海洋经济发展的协调度较高，之后二者协调度维持在一个较高水平上波动增长。

　　从协调发展度来看，2004年协调发展度最低，为0.2194，2018年协调发展度最高，为0.9157，年均增长率为10.75%。相较于协调度，协调发展度在考虑海洋科技创新与海洋经济发展协调程度的基础上，纳入了对二者当前发展水平的考量。也就是说，海洋科技创新与海洋经济发展子系统综合得分越高、越接近，协调发展度的数值越接近于1，反之，越接近于0。由表4-4可知，2004～2018年，我国海洋科技创新与海洋经济发展水平有较大提高，二者发展的协调程度也有显著提升，除2007～2010年稍有回落外，协调发展度呈现逐年上升的稳定趋势，海洋科技创新与海洋经济发展从中度失调衰退逐渐转变为良好协调发展状态。通过S_{ei}与S_{ui}的比较可知，2004～2006年海洋科技创新滞后于海洋经济发展，2007年后海洋科技创新驱动海洋经济发展。

　　2004～2006年，海洋科技创新滞后于海洋经济发展，可以从以下三方面考虑海洋科技创新滞后的原因：一是海洋科研人员结构组成需要优化，海洋科技活动人员中高级职称比重所占权重偏低，该指标的得分较低导致海洋创新投入分指标得分偏低，相对落后于海洋经济发展；二是海洋领域科技论文数相对较少，万名科研人员发表的科技论文数得分较低，导致海洋科技创新子系统综合得分小于海洋经济发展子系统综合得分；三是成熟应用海洋科技成果占应用科技成果比重低，科技成果的转化程度较低也是使得海洋科技创新落后于海洋经济发展的重要原因。

从2007年开始海洋科技创新领先于海洋经济发展。可从以下3个方面考虑海洋科技创新领先、海洋经济发展滞后的原因：一是国家政策的支持，为落实"实施海洋开发"和"发展海洋产业"的战略部署，2008年8月国家海洋局印发了《全国科技兴海规划纲要（2008—2015年）》，该纲要的发布和实施有效地促进了海洋科技成果转化与产业化，为提高海洋创新能力、带动海洋经济又快又好发展指明了方向；二是海洋经济结构不协调，主要体现在主要海洋产业占比、第三产业占比、科研教育管理服务业占比均比较低，进而导致海洋经济结构分指数偏低；三是海洋经济潜力有待挖掘，海洋生产总值占国内生产总值的比例得分较低，单位能耗的海洋经济产出也急需提高，我国需要在海洋经济产值提高的基础上，结合海洋科技创新的推动，最大限度地释放海洋经济潜力。

2004年以来，海洋科技创新与海洋经济发展的协调度和协调发展度有了显著提高，2018年二者的协调度较高，说明国家海洋科技创新与海洋经济发展已有高度的一致性；虽然协调发展度小于协调度，但数值也较大，说明二者发展水平较为接近，且近年来二者发展水平的差距在减小，由原来的低水平向高水平发展迈进，由原来的不协调、不均衡向协调、均衡发展迈进。但是目前我国海洋科技创新和海洋经济发展仍有很大的进步空间，加大海洋创新投入、提高海洋创新绩效和优化海洋经济结构依然是我国建设海洋强国道路上的重要任务。

第四节　分析结论与对策建议

一、分析结论

本书对国家海洋科技创新和海洋经济发展两个子系统的协调性进行了评价，构建指标体系测度两个子系统的协调度和协调发展度，并进行了分析评价，得出如下结论。

（1）2004～2018年我国海洋科技创新子系统稳步增长，海洋创新绩效仍存在较大提升空间。海洋创新投入分指数、海洋创新产出分指数、海洋创新绩效分指数的增速均较大。2004～2011年，海洋创新投入分指数得分和海洋创新产出分指数得分均逐年提高并且较为接近；2012～2018年，海洋创新产出分指数得分明显高于海洋创新投入分指数得分，为海洋科技创新的提高做出了突出贡献；海洋创新绩效分指数得分最低，仍存在较大提升空间。

（2）海洋经济发展子系统综合得分逐年增加，海洋经济有了较大发展，但海洋经济潜力急需快速提升，海洋经济结构仍需优化。海洋经济规模分指数得分直线上升，相比于其他两个分指数涨幅最大；海洋经济潜力分指数与海洋经济结构分指数得分虽总体呈现上升趋势，但在一定范围内上下波动；海洋经济潜力分指数得分在2011年后一直较低，海洋经济结构虽然有较大改善，但得分相较于海洋经济规模和海洋科技创新子系统分指数仍较低，因此，这两个指标存在较大提升空间。

（3）国家海洋科技创新与海洋经济发展的协调度从2004年的中度失调衰退逐渐转变为2018年的良好协调发展，二者的协调程度变化大致分为两个阶段：2004～2006年海洋科技创新滞后于海洋经济发展；2007～2018年海洋科技创新驱动海洋经济发展。2018年，二者协调发展度超过0.90，海洋科技创新与海洋经济发展的协调度和协调发展度均有显著提高。但是目前，二者仍有很大的进步空间，提高海洋科技创新能力并促进海洋经济高质量发展依然是我国建设海洋强国的重中之重。

二、对策建议

海洋科技创新和海洋经济发展的协同发展能够有效地提高二者的协调度水平，无论是哪个子系统单方面发展，若不能满足协调发展规律，均会降低二者的协调度水平，从而不利于二者和谐发展。基于以上研究结果，提出如下对策建议。

（1）加大海洋创新投入，提高海洋创新绩效。合理增加海洋科研经费投入，使科研经费最大限度地发挥效能；在提高海洋人力资源投入强度的基础上，优化海洋科研人员学历、职称、学科和年龄结构，多建立学历结构合理、职称梯次分明、学科交叉有序和年龄结构优化的海洋科研团队；提高海洋科技成果转化效率，维持海洋科技进步贡献率的高位运行，充分利用先进技术提高海洋劳动生产率，激发我国海洋创新活力，使海洋科技创新真正向创新引领型转变，切实推动海洋经济发展。

（2）加快海洋经济结构调整和产业升级，激发我国海洋经济潜力。有计划有步骤地转变海洋经济增长方式，大力发展海洋新兴产业和高科技产业；推进我国海洋经济结构调整，在提高主要海洋产业发展水平和效率的同时，加快发展海洋新兴产业，尤其是以海洋高技术为支撑的战略性新兴产业；通过引进并利用国外先进的海洋开发技术和提高关键技术的自主研发能力等方式提高单位能耗海洋经济产出，通过产业技术创新联盟合作等形式激发我国海洋经济潜力，共同促进海洋经济快速发展。

（3）统筹海洋科技创新与海洋经济协调发展。加快落实创新驱动发展战略在海洋领域的实施应用，真正实现海洋科技创新驱动海洋经济发展；以技术需求为驱动力，发挥涉海企业的主观能动性，使其真正成为创新主体；发挥海洋科技成果在海洋科技创新和海洋经济发展的纽带作用，逐步改变科技成果转化模式，使以企业为创新主体推动海洋科技成果转化的模式成为常态；提高海洋科技产业化率，发挥市场作用，使创新主体在第一时间将科技成果转化为生产力，提升海洋科技对海洋产业发展的贡献率，提高海洋科技创新与海洋经济发展的协调度水平。

第五章 美国海洋和大气领域政策导向转变及 2020 财年计划调整

　　基于美国国家海洋和大气管理局（National Oceanic and Atmospheric Administration，NOAA）公布的2011～2020财年总统预算信息，本章对预算经费变化趋势、投向投量和预算内容进行了评析，以此考察美国政府在海洋大气领域宏观政策导向的变化，旨在为我国确定海洋科技发展战略提供有益参考。

　　2016财年后，美国转向更加有效的政府管理模式，重新聚焦国家安全和核心政府职能，国家海洋管理政策从以保护海洋环境为主转变为以保障经济发展为主的新政策，NOAA预算资金大幅降低。

　　降低极端天气和水文事件的影响、最大化海洋和海岸带资源的经济贡献、空间创新成为NOAA未来一段时期的工作重点和优先事项。

　　为确保核心职能和优先事项，2020财年，NOAA六大直属机构做出诸多计划调整。

第一节　NOAA 职能及组织结构

一、NOAA 职能

NOAA运营着陆基气象平台、船舶、卫星、飞机和现场台站等构成的综合观测系统，触角从太阳表面延伸到海洋底部，能够为一线急救人员、灾害管理者、武装部队和美国公民提供及时准确的天气预报和气象预警；提早数天预测干旱、飓风、龙卷风和暴风雪等恶劣天气，最大限度地降低重大自然灾害带来的损失；对渔业资源进行评估和监测，实现最大限度地提高捕捞机会的渔业管理，维持健康的渔业资源；保护海洋生物资源及海洋生物赖以生存的栖息地，开展大规模栖息地整治修复，维持沿海和海洋生态系统平衡；收集海上数据，发展和完善海图制图工作，促进安全高效的海洋和沿海航行，确保个人和商业运输的安全、高效和环境友好。

二、NOAA 组织结构

NOAA隶属于美国商务部，由商务部分管海洋大气的助理部长（NOAA局长）直接负责。除人力、财务、国际事务、项目协调办公室等内设机构外，NOAA还下设国家海洋渔业局（National Marine Fisheries Service，NMFS），国家海洋局（National Ocean Service，NOS），海洋及大气研究（Oceanic & Atmospheric Research，OAR）中心，国家气象局（National Weather Service，NWS），国家环境卫星、数据及信息服务中心（National Environmental Satellite, Data, and Information Service，NESDIS），海洋和航空业务办公室（Office of Marine and Aviation Operations，OMAO）等6个直属机构。这6个机构都有其负责管理的项目和事务，在独立运行的同时又相互合作，促进沿海地区环境和经济的可持续发展[①]（图5-1）。

国家海洋渔业局（NMFS）负责美国专属经济区内海洋生物资源和栖息地的保护和管理，监测、评估、统计渔业资源，制定国家渔业管理计划，保障海产品质量安全，为休闲渔业和水产养殖业提供支持，防治与修复过度捕捞，保障渔业可持续发展。NMFS不仅在国家管辖海域的海洋生物资源管理中发挥着重要作用，同时还为国际海域管理提供科技支持和政策指导。

国家海洋局（NOS）是美国最综合的海洋和海岸带管理机构，具备世界一流的科学、技术和管理水平。NOS主要负责海岸调查、国家大地测量、灾害响应和恢复、海岸带管理、海洋和沿海观测等工作，为灾害预测、应急响应、栖息地恢复、安全航行、捕捞业、娱乐服务业和沿海能源开发提供数据信息。

海洋及大气研究（OAR）中心是NOAA负责提升地球环境变化认知的核心直属机构。OAR中心通过优化预测和提升地球演化过程认知水平，整合并推进NOAA的研究，增强NOAA的业务能力和管理能力。OAR中心对海洋酸化、水产养殖、极端天气、气候和深海环境进行勘测和研究，并研发相关技术，直接提升国家观测系统效率或转化为行政管理手段。

国家气象局（NWS）主要职责是提供美国及其属地、邻近水域和海洋的天气、水及气候预报和预警，以保障生命财产安全和国民经济发展。在致命性天气条件下，NWS是美国唯一权威的预警来源。NWS每日发布多种预报预警信息，涉及航空、海洋、火灾、天气、气候、太空天气、河流、洪水等多个领域。

国家环境卫星、数据及信息服务中心（NESDIS）提供从卫星和其他来源实时获取的全球环境数据，以提高国家经济、安全、环境和生活质量。为履行其职责，NESDIS采购、发射并管理国家

---

① 钱春泰，裴沛. 美国海洋管理体制及对中国的启示[J]. 美国问题研究, 2015, (2): 1-21.

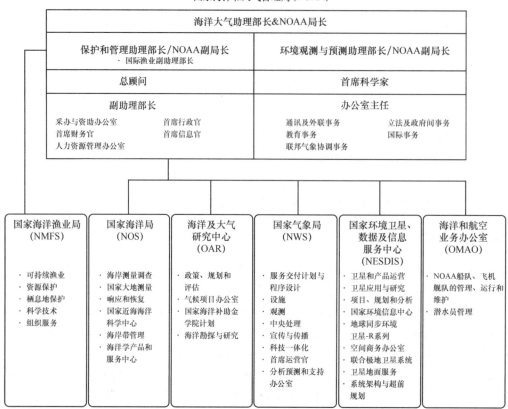

图 5-1　NOAA 组织结构及职能框架图

民用环境卫星，并基于卫星的实时运行管理，开展天气、气候、海洋、海岸和生态系统等广泛领域的环境监测，开发和发布基于卫星数据的产品和信息服务，以影响公众决策。

海洋和航空业务办公室（OMAO）管理着NOAA各种专业船只和飞机，用于收集海洋、大气、水文和渔业数据，以支持NOAA航海制图、渔业研究等多种环境和科学使命。OMAO也在NOAA范围内管理潜水、小型船舶并提供无人机系统（UAS）运行服务。此外，在发生重大环境灾害后，其管理的船只和飞机随时待命开展紧急灾害调查，为公众提供关键信息[1]。

第二节　美国联邦政府预算编制过程

美国联邦政府预算编制可分为行政预算过程和国会预算过程两个相对独立的阶段，由行政机构和立法机关共享预算权。美国的财政年度是10月1日至下一年度9月30日[2]。行政预算过程在每个预算年度前18个月就开始准备，以2019财年预算为例进行介绍。2017年春，国民经济委员会和国会预算办公室基于广泛调查研究，向总统提交2019财年预算指导方针，总统审查后将2019财年预算总方针下达联邦政府各部门。2017年夏，联邦政府各部门基于工作计划将本部门编制的2019财年的预算请求和证明材料提交管理和预算办公室（Office of Management and Budget，OMB）审查汇总。OMB安排专职审核员进行预算审查，必要时举行听证会或与各部门负责人直接面对面讨论，之后

①　https://www.noaa.gov/about/organization [2019-06-17].
②　http://yss.mof.gov.cn/zhengwuxinxi/guojijiejian/200810/t20081014_81947.html [2019-03-20].

形成书面审核意见，由各部门重新核定本部门2019财年预算。经过严格的评估审核及汇总，OMB于2017年12月将平衡后汇编形成的综合性行政预算草案提交总统。2018年2月第一个星期一之前，总统需审查签署《总统预算》（President's Budget，PB）并递交国会，同时《总统预算》在全国范围内对外公布，至此完成行政预算过程。之后进入国会预算过程，需经过参众两院就《总统预算》多次审核、听证，形成共同决议案、立法（草案）、完成授权和拨款法案等3个主要阶段，最后由总统签署生效成为公法，国会预算编制过程得以结束[①]。

第三节　NOAA 预算分析及政策导向转变

《总统预算》编制工作在整个预算活动中占有十分重要的地位，其合理与否直接影响到后续各环节能否顺利进行。由于美国联邦政府预算编制程序十分规范、严谨，且提供了充分的审议、评估、磋商和协调时间，极大程度上保证了《总统预算》的规范性、科学性、透明性和确切性，往往与最终的拨款法案甚至实际支出不会有太大的出入，能够有效反映部门工作方向和经费投向投量。因此，本节基于每年NOAA对外公布的部门总统预算案[②]，对2011～2020财年经费变化及预算内容进行分析，以此考察美国联邦政府在海洋大气领域宏观政策导向的变化。

NOAA总统预算一般基于内部各机构提出的工作计划形成直接义务预算，直接反映各项活动与子活动的预算需求。直接义务账户又分为自由支配账户和强制账户两大账户。其中自由支配账户由业务、研究和设施（operations, research, and facilities，ORF）账户，采购、收购和建设（procurement, acquisition, and construction，PAC）账户及其他自由账户组成。强制账户主要用于NOAA运营管理的相关基金项目。基于工作计划形成的直接义务预算需经过金融和转移两步财务调整，最终得到自由支配拨款预算额和强制性拨款预算额（图5-2）。从2011～2020财年NOAA总统预算数据来看，自由支配拨款预算额平均约为直接义务预算总额的95%，是反映NOAA工作计划的最主要部分（表5-1）。

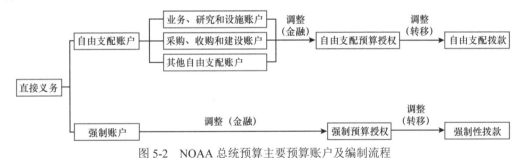

图 5-2　NOAA 总统预算主要预算账户及编制流程

①根据总统预算相关数据梳理分析得出；②金融调整主要包括处理债务、未承付年终预算结余废除、撤销及通货膨胀调整；转移调整主要是基本资源在预算项目间的转移

基于NOAA对外公布的总统预算案信息，根据账户设置和机构分类，梳理形成2011～2020财年NOAA总统预算概况表（表5-1），并进一步绘制整体预算变化情况图（图5-3）。从总统预算变化情况看，2011～2020财年，以2016财年为界，NOAA预算呈现出波动上升和持续大幅下降的两个阶段性变化趋势。2016财年以前，鉴于2010年墨西哥湾漏油事件、美国西部的持续干旱、2012年飓风桑迪的破坏性影响、物种灭绝及不断变化的北极生态系统的影响，公众对NOAA科技和服务的需求

---

①　孟金卓. 美国预算过程及其对我国预算制度改革的启示[J]. 南京审计学院学报, 2015, 12(2): 104-113.
②　https://www.corporateservices.noaa.gov/~nbo/ [2019-03-19].

可谓空前高涨①。加之美国前总统奥巴马对海洋环境保护的大力支持，NOAA预算总体呈现上升趋势。其中，2013财年，为响应奥巴马政府积极遏制不必要行政开支的要求，商务部寻求在不降低工作成效的情况下提高项目效率的方法，因而2013财年总统预算出现暂时性下降。

表 5-1　2011 ～ 2020 财年 NOAA 总统预算概况　　　　　　（单位：千美元）

| 财年 | 直接义务预算 | | | | | | | | 自由支配拨款预算 | 实际支出 |
	NOAA 总计	NOS	NMFS	OAR 中心	NWS	NESDIS	OMAO	任务支援（mission support）		
2011	5 735 181	550 593	992 381	464 860	1 003 193	2 209 019	220 900	294 235	5 554 458	4 903 746
2012	5 647 081	559 553	1 001 104	558 231	987 978	2 015 426	229 259	295 530	5 497 700	5 219 298
2013	5 262 543	478 066	880 286	413 820	972 193	2 041 406	241 070	235 702	5 060 500	5 126 331
2014	5 670 601	529 209	929 342	472 435	1 050 101	2 186 010	249 937	253 567	5 447 700	5 697 817
2015	5 727 576	519 412	916 751	462 173	1 063 347	2 247 926	244 037	273 930	5 496 700	6 010 833
2016	6 226 661	573 960	990 121	507 035	1 098 878	2 379 627	400 036	277 004	5 982 625	6 078 819
2017	6 103 967	569 915	1 015 930	519 789	1 119 292	2 303 687	289 298	286 065	5 850 589	5 922 124
2018	5 049 219	414 798	845 114	350 004	1 058 056	1 815 202	331 702	234 313	4 775 302	—
2019	4 838 001	406 297	837 279	321 651	1 052 772	1 640 021	335 409	244 572	4 562 711	—
2020	4 745 103	391 551	842 670	335 149	1 081 874	1 472 711	354 945	266 203	4 466 465	—

注：根据2011～2020年NOAA总统预算报告相关数据整理分析

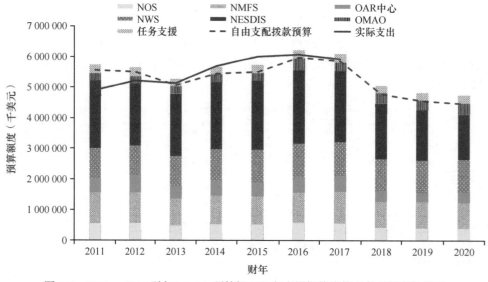

图 5-3　2011 ～ 2020 财年 NOAA 预算概况及各直属机构直接义务预算变化情况

　　2016财年以后，为了转向更有效的政府管理模式，重新聚焦国家安全和核心政府职能，NOAA从2017财年开始削减预算，2018财年则大幅度削减，自由支配拨款预算相对2017年减少了大约11亿美元；2019财年、2020财年预算持续削减。伴随预算的大幅削减，NOAA面临着方向性和机构性等多方面的调整。其中NESDIS、OAR中心所负责的气象卫星研发、海洋和大气研究等领域，2020财年直接义务预算相比2016财年分别约减少38.11%和33.90%，是NOAA预算削减的"重灾区"。特

---

① https://www.corporateservices.noaa.gov/~nbo/fy15_bluebook/NOAA_FY15_CJ_508%20compliant.pdf [2019-03-27].

朗普政府在"优先重建军队"与"政府部门提效和减少预算"的总原则下，瞄准美国卫星经费、气候变化这一预算重头进行削减，并提出 NOAA 和商务部要更多地探索利用市场，购买美国发达的商业卫星数据、利用商业化的云服务等，以达到在收紧预算的同时提振美国高端市场需求的目标。NOS、NMFS 近两年预算也有明显削减，除了顺应政府预算收紧大趋势外，与美国总统特朗普上任后采取的一系列政策脱不了干系。2018 年 6 月，特朗普发布名为《关于促进美国经济、安全与环境利益的海洋政策行政令》的第 13840 号行政令，取代奥巴马 2010 年发布的第 13547 号《关于海洋、海岸带与五大湖管理的行政令》，将以保护海洋环境为主的海洋政策转变为有效开发利用海洋资源、促进经济发展为主的新政策①，意味着 NOAA 在海洋观测、资源保护、海洋环境保护投入资金的大幅降低。例如，根据 2018～2020 财年预算报告，NOAA 开始支持水产养殖，开发海洋的生产潜能，大力发展经济。面对极端天气和气候事件的频繁出现，以及出于利益相关者对更准确可靠服务的需求，NWS 持续发展和改善其天气、水和气候产品与服务，其预算近些年虽有下降但保持相对稳定。NOAA 船队是必要的国家基础设施，对履行国家交付的使命、基本职能和法定任务至关重要。为应对船只退役和船队能力下降的问题，NOAA 从 2016 财年开始进行船队资本结构调整，陆续开展系列研究和勘测船设计、购置和建造，这也使得 OMAO 总预算在 2016 财年达到高峰后，短暂回落并呈现逐步上升的趋势。

第四节　2020 财年计划调整

NOAA 2020 财年提出约 44.7 亿美元的自由支配拨款申请，用以支持促进国家安全、公共安全、经济增长和创造就业方面的广泛目标。在预算削减的背景下，NOAA 2020 财年预算将优先考虑满足海洋观测和监测、天气预报和预警、蓝色经济发展方面的核心职能，为确保 NOAA 能够维持核心职能并对优先事项做出合理安排，NOAA 做出了削减大量计划（包括外部拨款计划、北极研究和海洋观测计划）的艰难选择。尽管终止和调整有关计划对 NOAA 的工作充满挑战并且影响深远，但随着 NOAA 转向更有效的政府管理模式，重新聚焦国家安全和核心政府职能，这种计划调整很有必要。

一、优先事项

（一）降低极端天气和水文事件的影响

美国平均每年发生 10 000 次雷暴、5000 次洪水、1300 次龙卷风、两场大西洋飓风，以及大面积的干旱和野火。天气、水文和气候事件平均每年造成 650 人死亡和 150 亿美元损失。美国经济的 1/3（约 3 万亿美元）对天气和气候都很敏感②。推进美国全球建模计划是 NOAA 优先级最高的事项。通过支持这一优先事项，2018 年 NOAA 取得诸多重要成就，例如：①由于致力于加强决策支持服务、改进风暴预警技术及加快信息传播的速度，NOAA 在 2018 年 12 月伊利诺伊州爆发的 29 次龙卷风中，为公众赢得平均 17 分钟的应急准备时间，超过原定 12 分钟的目标，使得 29 次龙卷风中死亡人数为 0，仅 23 人受伤；②短期天气模型在 2018 年获得重大升级，极端天气和洪水预测（从 18 小时延长至 36 小时）及航空预测（从 21 小时延长至 39 小时）的预测期大幅延长，预测区域也扩大到了阿拉斯加；③2018 年 12 月初，作为 NOAA 全球海洋观测系统标志之一的全球海洋观测计划（Argo 计划），

---

① 李景光. 特朗普海洋政策"大反转"及其影响[N]. 中国海洋报, 2018-10-11 (02).
② https://www.noaa.gov/weather [2019-06-20].

以其第200万份海洋温度和盐度状况曲线立下重大里程碑[①]。Argo是一个由3800个自由漂移剖面浮子组成的全球阵列测量海洋2000米水深以上的温度和盐度的仪器。这使人类第一次能够连续监测上层海洋的温度、盐度和流速，所有数据在收集后的数小时内被转送并公开。Argo计划改变了全球海洋的监测能力，提供了几乎四倍于其他海洋观测工具组合的信息，对海洋天气预报至关重要。Argo计划还在向深海扩展，其深海浮标能够测量到3.7英里[②]的深度，帮助美国了解大部分未观测到的深海[③]。

基于2018年取得的成就，2020财年NOAA将提议增加1232万美元预算，创建地球预测创新中心（Earth Prediction Innovation Center，EPIC），促进科学技术转化并应用到数值天气预报。EPIC是一个虚拟中心，其创新性的建模架构将把学术领域世界级的科学家、软件工程师，以及研发运营的私营部门、合作机构联系起来，利用全国范围内专业知识来加强天气预报，旨在2022年建立起全球最好的天气模型，在数值天气预报方面促使美国重新获得国际领先地位。同时，推动NOAA下一代全球预测系统的改进，将天气预报的准确预测时效拓展到30天。NOAA最稀疏的实地监测场地就是海洋，船载观测是提升全球预测系统能力的最具成本效益的方式之一，因此，NOAA 2020财年提议增加220万美元用于购买船舶观测数据，以提升热带和海洋观测预警能力，以及完善全球天气模型。这项工作将填补海上预警的重大数据空白，有可能数量级的增加船舶数据的可用性。

（二）最大化海洋和海岸带资源的经济贡献

全球蓝色经济蓄势待发。2016年，美国沿海县人口超过1.33亿，占美国总人口的42%，并每年以0.84%的速度增长。海岸带地区是支撑国防、渔业、交通和旅游业的经济引擎，对美国经济增长有重大贡献。NOAA是美国政府提升海洋和海岸带资源经济贡献的引领者。2018年NOAA通过支持这一优先事项，取得诸多重要成就，举例如下。①将物理海洋学实时系统（physical oceanographic real-time system，PORTS）[④]进行扩展应用，为更多的美国海港带来了更安全的海上航行服务。②同美国地质调查局合作考察，发现并测绘了一个长达85英里的深海珊瑚礁，为支撑美国休闲渔业的发展拓展了空间。③筹集3430万美元应对石油泄漏和工业污染等对海洋鱼类、野生动物、栖息地和娱乐等公共自然资源造成的影响，并对美国公众做出补偿。④2018年佛罗里达州西南部的赤潮范围达130英里，将给沿岸居民的呼吸系统带来极大的风险，NOAA及时做出详细预测和处理措施，大大降低了有害藻华的不良影响。⑤为减少海产品贸易逆差，促进经济发展，NOAA实施了一系列综合措施，包括扩大水产养殖，增加就业；适当解除管制措施，减少国内渔业不必要的监管负担；启动海产品进口监测项目（seafood import monitoring program，SIMP），打击非法、不报告和不管制（IUU）捕鱼和海产品欺诈行为。

基于2018年取得的成就，2020财年NOAA依然将推进蓝色经济发展作为优先任务，以支持总统《关于促进美国经济、安全与环境利益的海洋政策行政令》（第13840号行政令）。该行政令旨在通过改善可靠海洋数据和信息的获取路径，来促进美国经济、安全和环境利益的实现。2020财年主要投入事项包括以下几项。①投入400万美元，建立其第一个标准化、集中维护的无人系统（unmanned systems，UxS）操作计划，为无人海上系统和无人飞机系统提供必要的操作支持，增

[①] http://www.argo.ucsd.edu/ [2019-06-30].

[②] 1英里=1.609 344千米，下同。

[③] https://www.corporateservices.noaa.gov/~nbo/fy20_bluebook/FY2020-BlueBook.pdf [2019-03-19].

[④] https://www.tidesandcurrents.noaa.gov/ports.html [2019-06-30].

强NOAA资源和数据服务能力。②投入500万美元，为国家海洋伙伴计划（national oceanographic partnership program，NOPP）建立一个专门的资金来源，引导其他机构和社会组织资金的有效配置，并在海洋勘探、水产养殖、海洋废弃物等领域为NOPP提供额外资助。NOPP是1996年9月23日经第104～201号公法通过而设立的，目的是建立和开展"政产学研"间的数据、资源、教育和通信领域的伙伴合作，以统筹协调和强化国家的海洋事业。随着越来越多的社会资金投入到该项目里，NOPP已发展成为企业、非政府组织和学术机构参与联邦海洋研究和教育项目的独特催化剂。③为区域海洋数据门户建设增加400万美元投入，旨在更好地为美国沿海各州和海洋管理决策提供数据信息。④根据《2018拯救海洋法》（Save Our Seas Act of 2018）授权，开展海洋废弃物源头防治计划，保障野生动物、航行安全和人类健康。⑤为减少海产品贸易逆差，美国未来十年将大力发展海水养殖，NOAA 2020财年将继续推进有关工作：完善海水养殖许可；做好养殖设施选址；推进水产科学研究；审查现行条例，做好立改废释工作；推进SIMP，加强对IUU捕鱼和海产品欺诈行为的管控和调查工作，旨在为美国渔民营造一个更公平的市场竞争环境，确保美国国内渔业安全和可持续发展。

（三）空间创新

自1970年第一颗卫星发射运行以来，卫星观测一直是NOAA的核心任务。当前，NOAA依赖卫星监测和预测地球和太空天气、海洋和海岸线变化及区域和全球气候。NOAA最近对未来的卫星空间架构，即NOAA卫星观测系统和体系结构（NOAA satellite observing system architecture，NSOSA），开展了深入的研究和分析，倡议NOAA必须努力创新、更多采用新技术、发展更广泛的伙伴关系，使整个架构灵活适应不断变化的需求、风险和机遇，以更好地履行职责。NOAA基于NSOSA的空间创新倡议将为满足天气预报所需的下一代卫星架构提供决策依据，是确保空间观测连续性的关键步骤。高性能操作空间装备开发和部署所需时间是10～15年。NOAA必须在2027～2032年开始对现有卫星进行在轨补给，以将观测能力不足的风险降到最低，因此相关后续系统的开发必须马上启动。NOAA 2020财年开始执行NSOSA，2020财年预算显示，NOAA将通过更多地使用新技术、研发小型卫星及扩展合作伙伴来实现NSOSA最初步骤，满足观测任务需求。主要投入事项包括：初始投入226.8万美元，建立与美国国家航空航天局（National Aeronautics and Space Administration，NASA）、其他机构和商业部门的合作伙伴关系；投入1000万美元，探索从地球静止轨道开展观测的新方法；投入500万美元，购买商业性的全球卫星导航系统（GNSS）数据。

二、直属机构主要计划调整

（一）国家海洋局

国家海洋局（NOS）2020财年提出39 155.1万美元的预算请求，其预算优先考虑核心职能：海图绘制、海洋观测和定位数据收集、生态科学与监测、响应和恢复、海洋废弃物源头防治。为保障核心职能经费需求，NOS压减诸多外部拨款计划，但继续为合作伙伴提供国家层面的协调和技术援助。

1. 导航、观测和定位活动

通过美国水域的交通量和美国海港的进出口价值预计到2021年翻番，并且在2030年之后再次翻番[①]，因此精确海图的重要性将大为增加。为支持产业发展，NOAA 2020财年将继续投资近2亿

① U.S. Department of Commerce, NOAA. The value of PORTS to the nation: How real-time observations improve safety and economic efficiency of maritime commerce [R]. Washington, D.C. 2015.

美元用于水文调查、海图绘制、测绘及相关工作。其中，在海图绘制上：NOAA调查延伸至离海岸线200海里的美国专属经济区重要航行水域并绘制航线图，计划2022财年完成自动航海制图系统Ⅱ的开发；在海洋观测方面，NOS主要通过开展潮汐海流数据项目和综合海洋观测系统（integrated ocean observing system，IOOS）两个项目进行关键海洋学观测和预报。IOOS是一个由联邦和非联邦观测设备组成的统一网络，NOAA通过合作协议支持IOOS区域组织的运营、维护、资本项目和传感技术更新，IOOS区域组织根据联邦协调建设计划部署相关观测设施。在预算削减背景下，为保障核心项目的经费需求，NOAA 2020财年削减部分外部拨款计划，主要包括削减经费800万美元，终止区域地理空间建模资助计划；在区域观测系统上削减1905.6万美元的预算，减少对11个IOOS区域性组织的拨款，转而通过竞争机制，择优向这11个区域性组织提供财政援助，也就意味着在预算减少的情况下IOOS区域组织面临着更大的生存压力。

2. 海岸科学与评估

NOS下设国家海洋海岸带科学中心、响应和恢复办公室，负责实施海岸科学与评估工作。NOS 2020财年提议削减2366.4万美元，终止对国家海洋海岸带科学中心的资助，但会在其他办公室保留一定人员，为其核心研究领域（有害藻华、厌氧菌预测和预防，生境和物种预测，海洋水产养殖选址方法和技术研究）继续提供880万美元支持。NOS增加预算710万美元，以支撑海洋废弃物防治这一核心职能，制定海洋废弃物源头防治方案。

3. 海洋海岸带管理和服务

NOS海岸测量局依据美国1972年《海岸带管理法》，通过国家海岸带管理项目和国家河口研究保护区系统，为志愿参与的沿海州提供保护、恢复及政策指导和技术援助。目前，共34个志愿州通过实施国家海岸带管理项目平衡了全国约99 082千米海岸线的保护与利用需求。国家河口研究保护区系统形成了由全国29个独特河口保护区组成的保护网络，保护了超过5260平方千米的河口土地和水域。2020财年，NOAA提议削减经费7550万美元，取消海岸带管理补助金。此前，各州和相关受资助者使用这些补助金开展了海岸带规划、栖息地保护和修复、海洋防灾减灾、公众亲水、海滨城市发展、港口振兴等诸多活动。接下来，NOAA将继续通过支持各州管理计划的实施、联邦一致性审查和提供技术援助来支持各州参与国家海岸带管理项目。NOAA还提议削减预算2700万美元，取消联邦政府向各州提供的运行和管理国家河口研究保护区系统的资助，但NOAA将为那些选择使用州资金继续运行河口保护区的州政府提供国家层面的组织协调和技术支持。

（二）国家海洋渔业局

国家海洋渔业局2020财年提出84 267万美元的预算请求，继续支持水产养殖和海产品加工贸易以降低海产品外贸逆差。2020财年，NOAA将推进科学能力的提升，重点解决产业许可准入和管理制度等关键行业发展瓶颈。预算还计划放松管制以减轻产业和渔民负担。在进口方面，NOAA将加强执法和海产品进口监察，以强化非法海产品的可追溯性。

1. 渔业科学与管理

评估和监测工作是渔业管理的支柱，能够有效保障NOAA海洋渔业管理在最大限度提高捕捞机会的同时保持渔业资源的可持续发展。认识到渔业科学、评估和监测工作的关键性，NOAA 2020财年将继续资助渔业资源评估，改进评估方法，扩大评估范围，为区域和地方渔业管理决策提供技术支持。NOAA 2020财年还将通过支持海水养殖继续对国内海产品生产提供资助。目前，美国超过85%的海产品来自进口，其中一半以上产自国外的水产养殖。依赖进口使潜在的海产品工作机会流失海外，并对粮食安全构成威胁。美国拥有世界第二大的专属经济区，海水养殖产量却仅排名全球第17位，在安全和可持续的水产养殖领域具有巨大的待开发潜力。鉴于野生鱼类资源达到或接近最高收获水平，增加海产品供应的最大机会来自国内水产养殖。为此，水产业对于NOAA采取措施帮助挖掘这一潜力的需求日益迫切。NOAA 2020财年将在国家海洋渔业水产养殖计划中投入1300.5万美元，强化海水养殖科学研究，提高海水养殖管理部门的监管效率，简化审批程序，鼓励可持续的海水养殖实践。

2. 资源保护科学与管理

NOAA 2020财年提议削减400万美元预算，取消对John H. Prescott海洋哺乳动物救援基金项目的资助。随着这一削减，联邦层面将没有任何资金为海洋哺乳动物搁浅组织提供竞争性资助，以拯救、恢复或调查生病或受伤的海洋哺乳动物。尽管海洋哺乳动物搁浅组织成员仍然可以使用私人基金继续推进工作，但取消对该项目的资助必将使得NOAA从海洋哺乳动物搁浅组织所获数据和资源的大幅减少，不利于NOAA建立海洋哺乳动物健康与海洋生态环境的联系。

3. 栖息地保护与恢复

为提升栖息地保护与恢复的效果，努力造福渔业、海岸和海洋生物、海岸社区及区域经济发展，NOAA制定了生境蓝图（habitat blueprint）[①]准则。该准则强调要加强内外部合作、实施获取多重利益的生境保护、工作聚焦在能产生最大影响的地方。在渔业栖息地修复上NOAA 2020财年提议削减1925万美元预算，减少地面栖息地修复项目（如湿地、河流、珊瑚礁和牡蛎），这将对渔业可持续发展、资源保护和恢复、生态系统健康和海岸社区发展带来一定的不利影响。因此，NOAA将在资源允许的情况下，继续为各州、部落、地方社区及其他项目和联邦机构提供专业技术支持和政策指导。

（三）海洋及大气研究中心

海洋及大气研究（OAR）中心2020财年提出33 514.9万美元的预算请求，优先保障其核心职能，并适当削减了外部拨款计划。OAR中心将继续为保障人身安全、管理自然资源和保持经济发展提供强有力的科学技术支撑。

1. 气候研究

NOAA 2020财年气候竞争性研究项目共削减预算达6000多万美元，终止区域综合科学和评估计划，减少NOAA对合作研究所、大学、实验室和其他合作伙伴的竞争性研究资助。提议取消北极研究，削减相关经费共374.5万美元，终止北极海冰建模和预测的改进研究，终止北极生态系统和渔业脆弱性的建模分析、北极海水酸化等多种北极研究产品，压缩OAR中心与其他NOAA部门在相关北极项目的资助力度。

2. 天气和空气化学研究

OAR中心的天气研究项目多是协作和横向组织的，因此通常会有多个计划来提供资助。OAR中心主要研究活动包括如下几个方面。①龙卷风强风暴研究/相控阵雷达：OAR中心正致力于将天气预报模型信息与双极化雷达观测相结合，以更好地判定降水类型和密度，以及增加识别冰雹大小和探测龙卷风碎片的能力。推进相控阵雷达研发，将扫描天气系统的时间从4～5分钟缩短到1分钟

[①]　https://www.habitatblueprint.noaa.gov/about-the-habitat-blueprint/　[2019-06-28].

以内，以提供更早的天气预报。②预报员与研究人员合作计划：研究人员和预报员共同在NOAA公害性天气试验台开发、测试和评估最新雷达卫星技术、决策支持系统及天气预报模型，促进研究成果高效转化为预警报业务产品。③早期预警：OAR中心正努力将高分辨率卫星与雷达数据结合到一套分析方法中，使计算机模型能够在特定灾害天气形成的30～60分钟前，做到准确预测，以使决策者有时间采取更有效的行动来减少伤亡。④提升洪水和干旱预测。⑤空气化学分析：通过对汞、氮和其他化合物的长期监测，来评估排放控制政策的有效性。NOAA 2020财年在天气和化学研究上减少了3411.1万美元的预算请求，主要做出以下调整：关闭空气资源实验室，终止对该实验室在空气化学、汞沉积和有害物质扩散方面的经费支持，以为其他优先项目提供资助；暂时终止机载相控阵雷达研发项目，促使有限资源优先保障高影响灾害天气关键技术，如山洪暴发、雷暴和飓风的预测预警技术。

3. 海洋、海岸和五大湖研究

NOAA在海洋、海岸和五大湖研究做出了以下调整：取消自主水下航行器（autonomous underwater vehicle，AUV）演示试验台，放慢评估海洋观测新产品的速度；终止国家海洋补助金学院计划，来自300多个机构超过3000多名科学家、研究人员、学生和外部专家将失去NOAA海洋基金的资助；降低对海洋未知地区的测绘和勘探力度；减少对海洋综合酸化项目的资助等。有限资源条件下，NOAA将优先考虑能够对国家安全、经济和环境健康有重大影响的活动。

（四）国家气象局

NOAA在2020财年为国家气象局（NWS）提出了108 187.4万美元的预算请求，重点专注于NWS的核心任务，即提供天气、水、气候预报和预警，推进美国成为一个气象有备的国家（weather-ready nation，WRN），帮助美国公众更好地准备和应对极端天气事件。

1. 观测

NWS通过运行高空观测计划获取地球气象数据垂直剖面图；运行雷达观测项目获取云和降水的气象数据来预测风暴的严重程度；运行地表观测项目获取地球表面的气象数据；运行海洋观测项目提供海洋和海岸带实时气象、海洋和气候数据。NOAA 2020财年共提议削减地面和海洋观测经费1400万美元，其中在地表观测项目领域，缩小国家中尺度气象网项目观测范围和领域，从原来50个州的地理观测范围缩小到最容易受到龙卷风和恶劣天气影响的州，并将观测对象限制在地面气象观测和闪电观测。在海洋观测项目领域，由于海啸是低概率、高影响事件，NOAA确保最有效地履行职责的前提下，在项目优先级上做出艰难抉择，维持全套深水海啸评估和报告设施，以支持海啸任务，但将移除210个NOAA水位观测网站中的17个，终止对同样支持海啸任务的NOAA水位观测网及美国地质调查局地震网的支持。

2. 中央处理

中央处理是NWS气象预测的第二个步骤，NWS将从观测活动中获取的数据以可用形式交付给国家气象局的建模人员和气象学家。中央处理活动主要包括管理天气和气象超级计算系统、高级天气交互处理系统、高级水文预测系统、社区水文预测系统及信息技术基础设施建设等。这些共同确保了从气象观测、处理到气象产品应用这一工作流程的顺畅有序。NOAA要求增加对高级天气交互处理系统进行周期性设备更新的预算，防止硬件故障和组件退化；由于新型信息技术的交付使用使得天气预报中心效率提升，NOAA 2020财年将在区域应用开发和集成团队上削减1010万美元预算；NOAA提议减缓高级水文预测系统的服务拓展，削减200万经费，终止水文综合预报服务

（hydrologic ensemble forecast service，HEFS）的研发和应用。HEFS通过在全时间尺度上理解水文预测的不确定范围，提高了降水、气温和流速综合预报的可靠性，使得相关决策更加科学明智。

3. 分析、预测和支持

分析、预测和支持活动是通过专业知识促进观测数据和模型输出结果转化为预测预警产品，以及为国家提供决策支持服务。在分析、预测和支持领域，NOAA 2020财年提议削减1100万美元预算，计划将位于夏威夷的太平洋海啸预警中心与位于阿拉斯加的海啸预警中心合并，通过运作一个中心保持海啸核心预测和预警能力；削减预算180.6万美元，终止NOAA航空科学研发及R2O（research-to-operations）转化工作，仅维持当前水平的航空天气预报产品和服务。

4. 传播

向美国公众传达预警和预测的能力对于保护公民人身和财产安全至关重要。NWS的传播经费主要支持NOAA气象广播计划和综合传播计划（integrated dissemination program，IDP）。在综合传播计划上，NOAA 2020财年提议增加223万美元的预算，用于资助马里兰大学和科罗拉多州博尔德的IDP操作程序的升级和强化。IDP能够提供可扩展、强健、安全和共享的IT基础设施，能确保在关键天气事件期间的弹性和可靠性。

5. 科技一体化

NWS识别并转化新的科学理念和技术，改进预警、预测和决策支持服务水平，推进气象有备的国家建设。在预算削减的背景下，为保障相关项目的核心经费需求，NOAA做出了如下调整：削减经费500万美元，拟终止NWS实施《消费者选择替代制度分配损失法》（Consumer Option for an Alternative System to Allocate Losses Act，COASTAL Act）的相关工作，寻求在现有资源条件下对该法案的推进。COASTAL Act于2012年6月签署通过，目的是在受灾损失不明确的情况下，更好地识别风与水两个致灾因素的损害贡献，以降低美国联邦应急管理局（FEMA）国家洪涝保险项目的成本。COASTAL Act要求NOAA在美国遭受破坏性热带气旋袭击后，进行详细的风暴后评估，表明热带气旋影响区域内给定位置破坏性风和水的强度和时间。若评估结果被NOAA认证超过90%的准确度，则结果被输入FEMA管理公式，以确定相关损失在风和水之间的分配比例。②提议削减600万美元预算，减少对国家水模型的资助，推迟国家水模型升级工作。2016财年，NOAA推出首个可操作的水模型，标志着洪水预报的巨大改进。预算削减背景下，NOAA将继续向公众和管理部门提供有价值的河流预报指导。

6. 系统采购

下一代天气雷达（next generation weather radar，NEXRAD）使用期延长计划。NEXRAD是美国商务部与国防部、运输部的三方项目，于20世纪90年代中期投入使用，最初设计使用寿命为20年，尽管该系统已接近使用终期，但离联邦政府全面部署新一代天气雷达还有20～25年的时间。因此，NWS于2015财年启动使用期延长计划，采取系列技术更新工作，维持NEXRAD的可用性，延长寿命15年，直到当前系统网络被重新替换。2020财年，NOAA将在延长计划上削减经费237.9万美元，总计投入1875万美元，计划维修22个发射机底座，重建30个基座，翻新50个雷达站等。

（五）国家环境卫星、数据及信息服务中心

国家环境卫星、数据及信息服务中心2020财年提出147 271.1万美元的预算请求，将继续支持极轨卫星和地球同步卫星项目及增加商业数据购买。

1. 环境卫星观测系统

NOAA 2020财年将继续把开发新一代极轨卫星放在优先位置，以维持强大的天气预报能力，同时还对下一代气象卫星系统做出规划。NOAA 2020财年提议在新一代极轨气象卫星系统中投入87 799.1万美元，该系统将为NOAA的数字气象预报模型提供原始数据。NOAA于2017年11月成功发射NOAA-20号，改变了气象预报的规则，来自该卫星的数据将用于提早数天预测飓风、龙卷风和暴风雪等恶劣天气，并评估干旱、森林火灾、恶劣空气质量和有害沿海水域等环境危害。NOAA还将投资4083.8万美元用于GOES-R系列地球同步运行环境卫星系统计划的运营、维持和开发，探索基于地球静止轨道的连续监测和跟踪方法，以更好地满足公众对高质量、及时、准确天气预报的需求。

2. 国家环境信息中心运营

NOAA的国家环境信息中心管理全球最重要的环境信息档案，包括海洋、大气和地球物理领域全面的历史和实时数据与信息。NOAA 2020财年提议削减365万美元，降低区域气候中心项目支持力度。在预算持续削减的背景下，NOAA将寻求最好的方法为当地、州、区域和国家决策者与用户提供气候数据、信息和智力支撑。

（六）海洋和航空业务办公室

海洋和航空业务办公室2020财年提出35 494.5万美元的预算请求以支持船队建设、飞机运营，以及海上和空中的数据收集。目前，NOAA船队包括16艘研究和调查船，占联邦海洋学船队的50%。NOAA的船只是必要的国家基础设施，每年开展100多项对国家安全、公共安全和国民经济至关重要的任务。但是NOAA有8艘船舶目前已超过其设计使用寿命，并将于2028年退役，NOAA船队在不调整资本结构的情况下面临能力下降的问题。因此，NOAA于2016财年启动船队资本结构调整工作，2020财年将继续投资7500万美元用于调整船队资本结构，支持第二艘A级船舶的建造，还将进一步规划B级和C级船舶。

第五节　结　语

由于美国近年来经济不景气，美国总统特朗普为增加国民就业机会提出把海洋开发放在首位，推行促进美国经济、安全与环境利益的海洋政策。NOAA预算自2017财年就呈现一个明显的递减趋势，在2018～2020财年更是做出考虑政府核心职能，削减大量计划的抉择，其中包括完全取消为一些最普遍、最成功的项目（如国家海洋补助金学院计划、国家海岸带管理项目和国家河口研究保护区系统等）提供资助，以及在海洋观测、评估、监测活动上削减了大量预算。由于资金投入不足，NOAA不得不在某些项目的优先级之间做出选择，削减或终止了一些活动，这将对美国海洋资源和沿海经济的可持续发展，以及以科学为基础的海洋管理工作带来直接的冲击。尽管NOAA的预算减少，但作为美国管理海洋与大气的一个科技部门，NOAA接下来将与时俱进开发先进的技术和工具以满足美国公众的需求，因此其在海洋与大气科技方面的重要性仍然不言而喻，需要我们持续关注并做好相关战略准备。

第六章　全球海洋创新能力分析

2001～2018年，全球海洋领域SCI论文总体保持稳定增长态势。2018年全球海洋领域SCI论文发表数量是2001年的1.9倍，年均增长率为3.86%。

2001～2018年，全球海洋领域SCI论文发文数量最多的机构为美国的加利福尼亚大学，其次为美国国家海洋和大气管理局、俄罗斯科学院、中国科学院、伍兹霍尔海洋研究所、中国海洋大学、华盛顿大学、法国国家科学研究中心、加拿大渔业与海洋部和俄勒冈州立大学等机构。

2001～2018年，全球海洋科技领域发表SCI论文数量前20位的机构中，7个机构属于美国；3个机构属于中国，分别为中国科学院、中国海洋大学和国家海洋局[①]；3个机构属于法国；加拿大、德国、西班牙、日本、澳大利亚、俄罗斯、挪威分别有1个机构。

2001～2018年，海洋领域EI论文数量呈现快速增长趋势。中国、美国海洋领域EI论文发表数量占全球40%左右，年度论文增长幅度远高于其他国家。2011年以来，中国EI论文产出数量超过美国，位居全球首位。

2001～2018年，中国在海洋领域的专利申请数量为46 379件，居全球第一，占全球海洋领域专利申请数量的52.5%。对专利申请数量排名前15位的国家和地区进行比较分析，结果表明，中国专利申请数量增长优势明显。从2016～2018年专利申请数量占本国专利申请数量的比例来看，中国40.00%的专利是这3年申请的，比例是全部国家和地区中最高的。

---

① 2018年3月国家海洋局的职责整合，为便于统计，本书依然使用"国家海洋局"进行分析。

第一节　全球海洋创新格局与态势分析

一、基于 SCI 论文成果的格局与态势分析

2001～2018年，全球海洋领域SCI论文总体呈稳定增长态势，2018年全球海洋领域SCI论文是2001年的1.9倍，年均增长率为3.86%。由图6-1可以看出，2001～2018年SCI论文数量呈现阶梯式增长特征，2006年和2012年为全球海洋领域SCI论文增长的转折年份。

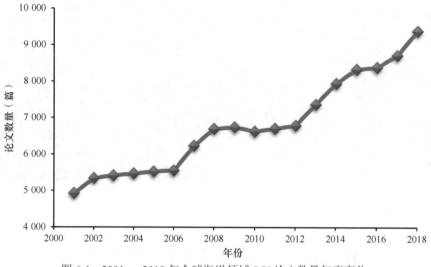

图 6-1　2001 ～ 2018 年全球海洋领域 SCI 论文数量年度变化

2001～2018年，全球海洋领域SCI论文发文量最多的前20所机构见表6-1。发文量最多的机构为美国的加利福尼亚大学，其次为美国国家海洋和大气管理局、俄罗斯科学院、中国科学院、伍兹霍尔海洋研究所、中国海洋大学、华盛顿大学、法国国家科学研究中心、加拿大渔业与海洋部和俄勒冈州立大学等机构。在发文量最多的20所机构中，美国7所；中国3所，分别为中国科学院、中国海洋大学和国家海洋局；法国3所；加拿大、德国、西班牙、日本、澳大利亚、俄罗斯、挪威各1所。

表 6-1　2001 ～ 2018 年全球海洋领域 SCI 论文发文量前 20 的机构

序号	机构名称（英文）	机构名称（中文）	论文数量（篇）	国家
1	Univ. Calif.	加利福尼亚大学	4000	美国
2	NOAA	美国国家海洋和大气管理局	3380	美国
3	Russian Acad. Sci.	俄罗斯科学院	3170	俄罗斯
4	Chinese Acad. Sci.	中国科学院	3014	中国
5	Woods Hole Oceanog. Inst.	伍兹霍尔海洋研究所	2639	美国
6	Ocean Univ. China	中国海洋大学	2335	中国
7	Univ. Washington	华盛顿大学	2126	美国
8	CNRS	法国国家科学研究中心	1820	法国
9	Fisheries and Oceans Canada	加拿大渔业与海洋部	1628	加拿大
10	Oregon State Univ.	俄勒冈州立大学	1521	美国
11	Univ. Hawaii	夏威夷大学	1514	美国
12	State Ocean. Admin.	国家海洋局	1502	中国

续表

序号	机构名称（英文）	机构名称（中文）	论文数量（篇）	国家
13	IFREMER	法国海洋开发研究院	1458	法国
14	CSIC	西班牙国家研究委员会	1436	西班牙
15	Alfred Wegener Inst. Polar & Marine Res.	阿尔弗雷德·魏格纳极地与海洋研究所	1391	德国
16	CSIRO	澳大利亚联邦科学与工业研究组织	1331	澳大利亚
17	Univ Miami	迈阿密大学	1296	美国
18	Univ. Tokyo	东京大学	1282	日本
19	Inst. Marine Res., Norway	挪威海洋研究所	1191	挪威
20	Univ. Paris	巴黎大学	1175	法国

2001～2018年，全球海洋领域SCI论文发文量排名前20的机构发文量年度变化情况如图6-2所示。中国机构2016～2018年的发文量占比明显。从2018年全球海洋领域SCI论文的发文量看，阿尔弗雷德·魏格纳极地与海洋研究所即亥姆霍兹极地海洋研究中心、巴黎大学、夏威夷大学、挪威海洋研究所发文量相对较少。而俄罗斯科学院、华盛顿大学、中国科学院和东京大学的发文量明显增加。

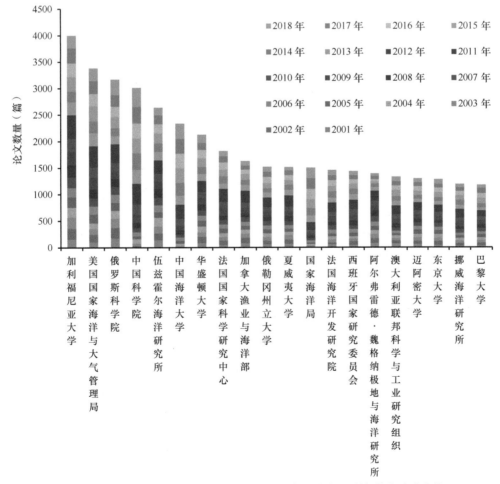

图6-2　2001～2018年全球海洋领域SCI论文发文量前20的机构年度发文情况

2001～2018年，全球海洋领域SCI论文共涉及23个学科［根据Web of Science（WOS）数据库中收录的每一条记录的来源出版物所属的学科类别统计］，表明海洋科技研究涉及众多学科领域且学科之间交叉频繁（表6-2）。除海洋学外，在研究成果中涉及较多的学科领域还包括海洋与淡水生物学、海洋工程、土木工程、气象学与大气科学、生态学、地球交叉科学、湖沼学、渔业学、水资源学等。

表 6-2　2001～2018 年全球海洋领域 SCI 论文学科分布

序号	WOS 学科分类（英文）	WOS 学科分类（中文）	论文数量（篇）
1	Oceanography	海洋学	102 066
2	Marine & Freshwater Biology	海洋与淡水生物学	32 738
3	Engineering, Ocean	海洋工程	35 120
4	Civil Engineering	土木工程	16 691
5	Meteorology & Atmospheric Sciences	气象学与大气科学	10 771
6	Ecology	生态学	10 228
7	Geosciences, Multidisciplinary	地球交叉科学	9 375
8	Limnology	湖沼学	8 480
9	Fisheries	渔业学	8 016
10	Water Resources	水资源学	5 264
11	Mechanical Engineering	机械工程	2 902
12	Chemistry, Multidisciplinary	化学交叉科学	1 719
13	Geochemistry & Geophysics	地球化学与地球物理学	1 571
14	Paleontology	古生物学	1 446
15	Electrical & Electronic Engineering	电子与电气工程	1 315
16	Engineering, Multidisciplinary	工程交叉科学	1 014
17	Environmental Science	环境科学	660
18	Mechanics	力学	660
19	Geological Engineering	地质工程	644
20	Mining & Mineral Processing	采矿与选矿	644
21	Remote Sensing	遥感	481
22	Zoology	动物学	227
23	Energy & Fuels	能源与燃料	92

二、基于 EI 论文成果的格局与态势分析

《工程索引》（*Engineering Index*，EI）是美国工程师学会联合会创办的工程技术领域综合性文献情报数据库和检索工具，被全球工程技术界广泛认可。该数据库收录了近2000万条数据，收录范围涉及190多个工程学科、77个国家、3600余种期刊、80多个图书连续出版物、9万余个会议录及12万余篇学位论文及上百种贸易杂志等。本书对EI中与海洋有关学科领域的论文产出进行梳理与统计，以分析全球和中国在海洋相关领域的科技发展态势。2001～2018年，全球海洋学领域EI文献共244 946条，中国相关文献49 746条[①]。

[①]　因EI收录数据调整，其所收录的文献总量有变化，下同。

2001～2018年全球海洋领域EI论文发表数量的年度变化如图6-3所示。2001～2018年，全球海洋领域EI论文发表数量整体呈持续增长态势。在此期间，2001～2005年论文发表数量逐年迅速增长；2006～2008年回落；2008～2014年再次呈现逐年增长态势；2015～2017年与前期相比有所下降；2018年增至最高值。

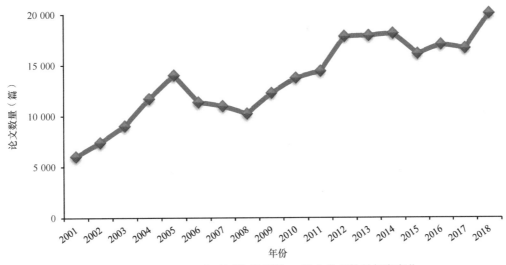

图6-3 2001～2018年全球海洋领域EI论文发表数量年度变化

2001～2018年全球海洋领域EI论文主要发文机构发表论文数量如图6-4所示。在发文量排名前15的机构中，美国7所，中国5所，法国、日本、俄罗斯各1所。中国科学院论文产出数量位居全球首位，此外，中国还有哈尔滨工程大学、中国海洋大学、上海交通大学和大连理工大学等4个机构进入全球EI论文发文量前15。

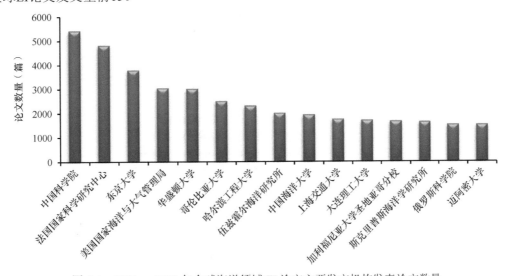

图6-4 2001～2018年全球海洋领域EI论文主要发文机构发表论文数量

统计2001～2018年海洋相关主题分类领域中论文数前15的主题领域如图6-5所示。论文最多的主题领域主要为海洋学总论，海水、潮汐和波浪，海洋科学与海洋学，数学，大气性质，海上建筑物，材料科学，化学品操作等。从学科领域分布来看，海洋领域大量研究与数学、大气科学、材料科学、化学、地质学、工程学、力学、生物工程与生物学等学科有关。

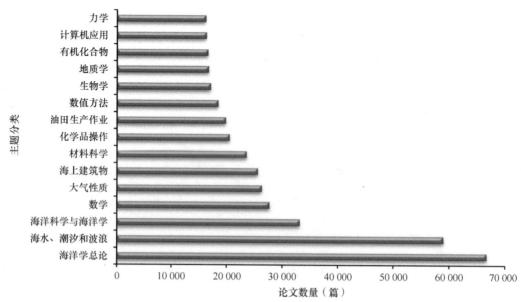

图 6-5　2001～2018 年全球海洋领域 EI 论文学科分布

全球海洋领域EI论文的发文期刊非常多。图6-6统计了2001～2018年全球海洋领域EI论文发文数量最多的15种期刊，其收录的海洋领域EI论文的数量占海洋领域论文总数的16.32%，其中*Applied Mechanics and Materials*发表的相关论文占海洋领域论文总数的2.56%，*Geophysical Research Letters*占2.38%。这两种期刊收录的海洋相关论文中80%以上来自中国。

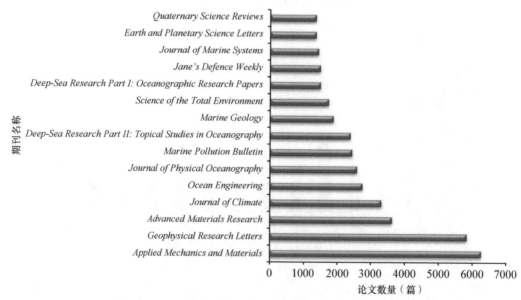

图 6-6　2001～2018 年全球海洋领域 EI 论文主要发文期刊

会议和会议论文是了解领域国内外研究进展的重要渠道。图6-7统计了2001～2018年EI收录海洋领域相关论文最多的15种会议录，其中，以海洋为主要议题的国际会议主要有：International Conference on Offshore Mechanics and Arctic Engineering、International Offshore and Polar Engineering Conference、International Conference on Port and Ocean Engineering Under Arctic Conditions等，此外还有一些国家和地区会议，如Annual Offshore Technology Conference、Coastal Engineering Conference等。

图 6-7　2001 ～ 2018 年全球海洋领域 EI 论文主要发文会议录

三、海洋领域专利总体格局与态势分析

基于德温特专利索引（Derwent Innovation Index，DII）国际专利数据库分析，2001～2018年，中国在海洋领域的专利申请数量为46 379件，居全球第一（图6-8），占全球海洋领域专利申请数量的52.5%，专利申请数量优势进一步加大。韩国、日本和美国分列第2～4位，印度上升一位，居第11位。

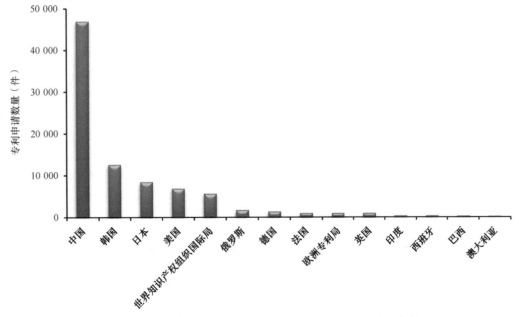

图 6-8　2001 ～ 2018 年全球海洋领域主要专利申请国家和机构

　　全球海洋领域专利申请数量持续增长，2016年专利申请数量突破1万件。中国海洋领域专利申请数量呈持续快速增长态势，特别是自2010年开始，专利申请数量增长迅速。2014年中国专利申请数量占全球海洋领域专利申请数量的50%以上，2018年已经占全球海洋领域专利申请数量的82.2%（包含多国合作专利）。从图6-9可以看出，2012年以后全球海洋领域专利申请数量的增长主要来源于中国，除中国以外的国家和地区专利申请数量呈明显下降趋势。

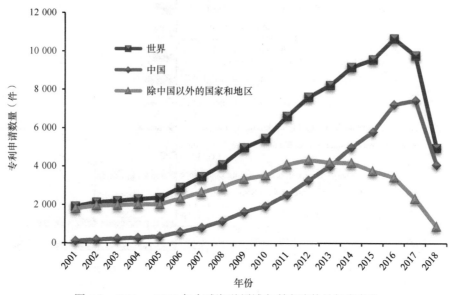

图 6-9　2001 ～ 2018 年全球海洋领域专利申请数量年度变化

　　2001～2014年，全球海洋领域专利申请机构不断增加，如图6-10所示。2015年专利申请机构总数已达3862家，是2001年的3.37倍。表明海洋相关产业涉及的行业越来越多，新兴的产业也逐渐开始进入海洋领域。2015～2018年专利申请机构数量呈现下降的趋势，一方面是因专利申请时滞导致的专利数据不全所致，另一方面也可能是专利申请机构整合优化的结果。

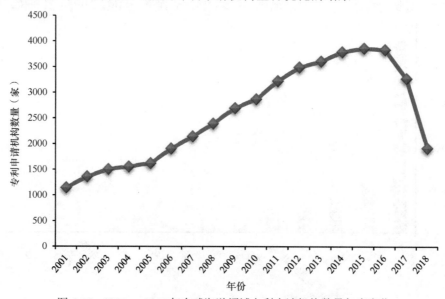

图 6-10　2001 ～ 2018 年全球海洋领域专利申请机构数量年度变化

　　2001～2013年，全球海洋领域专利申请人数也在持续增加，如图6-11所示。从2001年的1420人增长到2014年的最高值（6050人），约增长了3.26倍。预计未来专利申请人数将和申请机构数量一起有所降低。

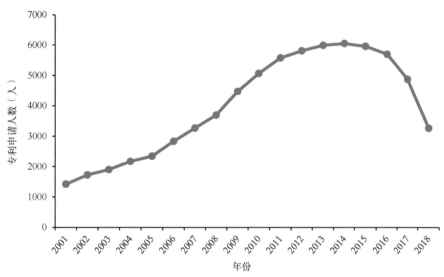

图 6-11　2001～2018 年全球海洋领域专利申请人数年度变化

2001～2018 年，全球海洋领域专利申请主要机构如图6-12所示。在全球专利申请最多的前15所机构中，中国占到7所，分别是浙江海洋大学、中国海洋石油集团有限公司、中国海洋大学、浙江大学、天津大学、大连理工大学和中国水产科学研究院黄海水产研究所。国际海洋领域专利申请机构主要来自韩国造船和重工企业、日本重工企业及欧美石油公司。

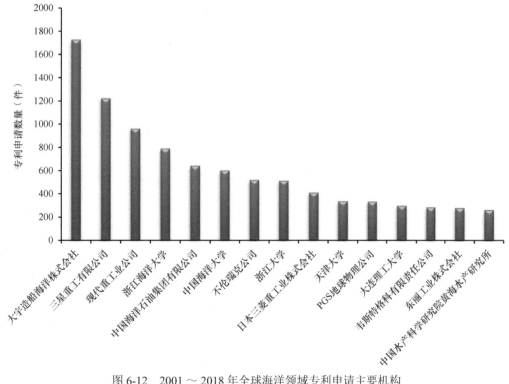

图 6-12　2001～2018 年全球海洋领域专利申请主要机构

全球海洋领域专利申请主要技术方向（国际专利分类）是：B63B（船舶或其他水上船只；船用设备）、C02F（污水、污泥污染处理）、A01K（畜牧业；禽类、鱼类、昆虫的管理；捕鱼；饲养或养殖其他类不包含的动物；动物的新品种）、A23L（不包含在A21D或A23B至A23J小类中的食品、食料或非酒精饮料）、A61K（医学用配置品）、E02B（水利工程）、F03B（液力机械或液力发动机）、B01D（分离）、A61P（化合物或药物制剂的特定治疗活性）、B63H（船舶的推进装置或操舵装置）、G01N（借助测定材料的化学或者物理性质来测试或分析材料）、E21B（土层或岩石的钻进）、G01V（地球物理；重力测量；物质或物体的探测；示踪物）、E02D [基础；挖方；填方（专用于水利工程的入E02B）；地下或水下结构物]、G01S（无线电定向；无线电导航；采用无线电波测距或测速；采用无线电波的反射或再辐射的定位或存在检测；采用其他波的类似装置），如图6-13所示。

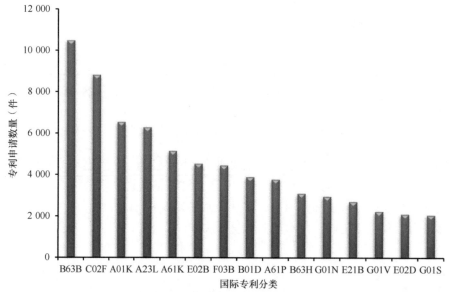

图 6-13　2001 ～ 2018 年全球海洋领域专利申请主要技术方向（国际专利分类）

第二节　国家实力比较分析

一、基于 SCI 论文成果的比较分析

2001～2018年，全球海洋领域SCI论文发文量排名前15 的国家如图6-14所示。美国占据绝对优

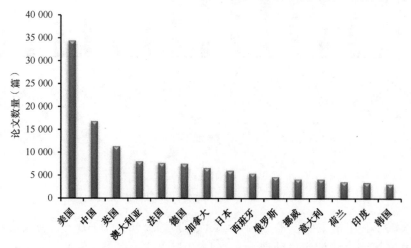

图 6-14　2001 ～ 2018 年全球海洋领域 SCI 论文主要发文国家

势，其次为中国和英国，发文数量均在10 000篇以上。除上述国家外，进入前15的国家还有：澳大利亚、法国、德国、加拿大、日本、西班牙、俄罗斯、挪威、意大利、荷兰、印度和韩国。

2001～2018年全球海洋领域SCI论文发文量前15的国家年度发表论文数量情况，如图6-15所示。美国呈现稳定增长趋势；中国增势明显，尤其是2016～2018年发文量占比显著；英国、澳大利亚、法国和德国发文量相对稳定。

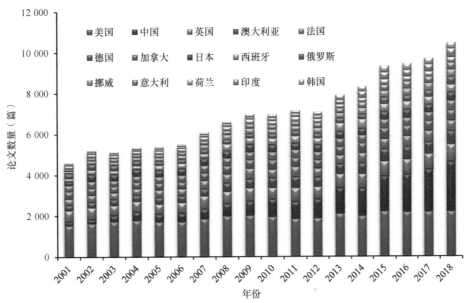

图 6-15　2001～2018 年全球海洋领域 SCI 论文主要发文国家年度发文量

2001～2018年全球海洋领域SCI论文发文量前15国家的科研影响力及产出效率分析结果见表6-3。

表 6-3　2001～2018 年全球海洋领域 SCI 论文发文量前 15 国家的科研影响力及产出效率指标统计

国家	论文数量（篇）	篇均被引频次（次／篇）	总被引频次（次／篇）	2016～2018年发文量（篇）	2016～2018年发文量占国家所有统计年份数量的比例（%）	未被引用论文数量（篇）	未被引论文占国家全部发文量的比例（%）	H 指数
美国	34 373	29.12	1 000 899	6 537	19.02	1 729	5.03	250
中国	17 074	10.48	178 956	6 228	36.48	2 111	12.36	116
英国	11 287	26.84	302 897	2 362	20.93	403	3.57	161
澳大利亚	8 012	25.23	202 105	1 869	23.33	275	3.43	136
法国	7 667	28.39	217 667	1 578	20.58	173	2.26	139
德国	7 519	28.65	215 454	1 494	19.87	184	2.45	150
加拿大	6 640	26.51	176 000	1 284	19.34	272	4.10	130
日本	6 064	19.77	119 895	1 169	19.28	325	5.36	108
西班牙	5 480	24.11	132 132	1 148	20.95	166	3.03	113
俄罗斯	4 689	9.22	43 234	1 003	21.39	736	15.70	67
挪威	4 218	24.02	101 330	1 043	24.73	179	4.24	113
意大利	4 188	24.85	104 087	1 039	24.81	153	3.65	109
荷兰	3 628	30.30	109 930	742	20.45	80	2.21	121
印度	3 473	9.27	32 202	1 135	32.68	674	19.41	63
韩国	3 153	11.44	36 084	964	30.57	369	11.70	67

　　从主要国家科研影响力看，论文总被引频次最高的为美国，其次为英国、法国、德国、澳大利亚。尽管中国论文总量排名第二，但是论文总被引频次却排名第六，被引频次偏低在一定程度上反映出论文影响力不足，或者因近期发文量较多使得论文被引滞后所致。中国2016～2018年海洋领域SCI发文数量占全球海洋领域SCI发文量的比例为36.48%，这可能是造成篇均被引频次较低的一个重要原因。从主要国家海洋领域SCI论文的篇均被引频次看，荷兰最高，为30.30次/篇，美国、德国、法国、英国、澳大利亚均为25次/篇以上，中国排名第13。从未被引用论文数量看，中国最多；从未被引用论文占本国全部发文量的比例来看，荷兰最少，为2.21%，法国、德国、西班牙、澳大利亚、英国、意大利、加拿大、挪威次之，未被引用论文占本国全部发文量的比例均低于5%，中国为12.36%，排名第13。

　　H指数为评估科研论文影响力的主要指标。由于H指数同时关注论文被引用数量和被引频次指标，因而其与总被引频次、论文被引数量具有较强的正相关关系。国家H指数主要指在一个国家发表的Np篇论文中，如果有H篇论文的被引次数都大于等于H，而其他（Np-H）篇论文被引频次都小于H，那么该国家的科研成就的指数值为H。在海洋领域发文量排名前15的主要国家中，美国、英国、德国、法国、澳大利亚、加拿大和荷兰的H指数较高，均超过120，表明这些国家在海洋领域中的科研成就较为突出。

　　从主要国家的科技产出效率指标看，2016～2018年海洋领域发文量较多的国家为美国、中国、英国、澳大利亚和法国，发表论文数均在1500篇以上。从2016～2018年海洋领域发文量占国家所有统计年份发文数量的比例看，中国、印度和韩国2016～2018年均超过了30%，表明这些国家海洋科技创新正在兴起。

二、基于 EI 论文成果的比较分析

　　2001～2018年全球海洋领域EI论文发文量最多的10个国家如图6-16所示。美国居首位，中国紧随其后，中美两国发表EI论文数量占全球发表论文数的40%左右，是海洋领域论文产出最多的两个国家。除中美两国外，发文量排名前10的国家还有英国、日本、德国、法国、加拿大、澳大利亚、意大利和西班牙。

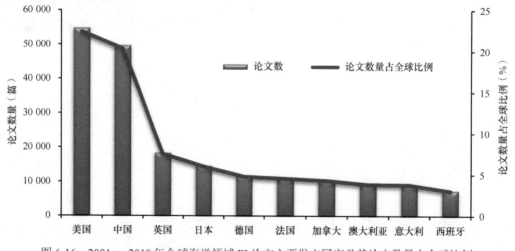

图 6-16　2001 ～ 2018 年全球海洋领域 EI 论文主要发文国家及其论文数量占全球比例

　　2001～2018年全球海洋领域EI论文发文量前10的国家发文量年度变化如图6-17所示。总体来看，主要国家论文产出数量总体呈现逐年上升趋势。2001～2010年，美国在海洋领域发表EI论文数量远远超过其他国家，近十几年来，中国海洋领域EI论文产出增长迅速，2011年以来，中国年度EI

论文产出数量已超过美国，居全球首位，2018年中国海洋领域EI论文数量再创新高。

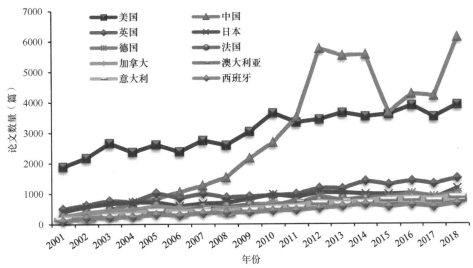

图 6-17　2001 ～ 2018 年全球海洋领域 EI 论文主要发文国家及其论文数量年度变化

三、基于海洋领域专利的比较分析

对2001～2018年专利申请数量排名前14的国家和地区进行比较分析（图6-18），结果表明，中国专利申请数量增长优势明显。自2006年开始中国专利申请增速不断加快，并一直位居世界前列，并且与其他国家在专利申请数量上的比较优势越发明显。中国在海洋领域专利申请数量持续上升的原因：一是国家专利扶持政策，二是涉海高校和海洋产业的不断增多。韩国则在2010～2016年表现出较高的专利申请活跃性。

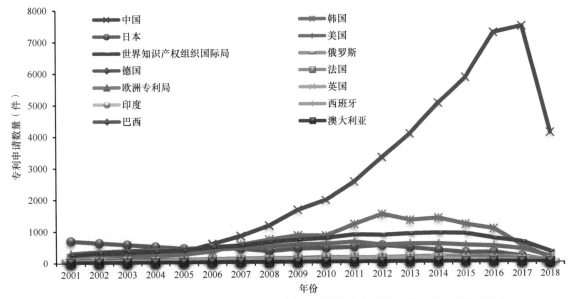

图 6-18　2001 ～ 2018 年全球海洋领域主要专利申请国家和机构专利年度申请数量变化

从2016～2018年专利申请数量占本国或机构专利申请数量的比例来看（图6-19），中国40.00%的专利是这3年申请的，比例是全部国家和地区中最高的。印度2016～2018年专利申请数量占比也很高，达到23.06%。2016～2018年专利申请数量占比较低的有日本和英国，分别是6.86%和7.62%。

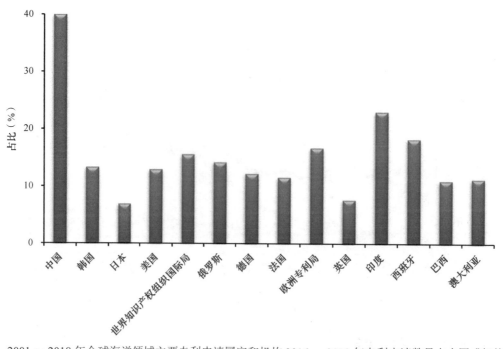

图 6-19　2001～2018 年全球海洋领域主要专利申请国家和机构 2016～2018 年专利申请数量占本国或机构的比例

第三节　全球视角下中国海洋创新发展分析

一、基于 SCI 论文成果的发展分析

2001～2018 年，我国海洋领域科技论文总量持续快速增长。2018 年海洋领域科技论文数量是 2001 年的 4.31 倍，年均增长率为 9.17%。由图 6-20 可以看出，"十一五"（2006～2010 年）到"十三五"（2016～2020 年）期间海洋领域科技论文数量基本呈线性趋势增长，但存在增长幅度的

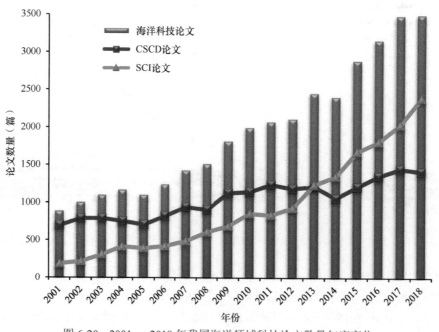

图 6-20　2001～2018 年我国海洋领域科技论文数量年度变化

差异，尤其是"十二五"（2011～2015年）期间，我国海洋领域科技论文增幅明显。其中，中国科学引文数据库（Chinese science citation database，CSCD）论文呈现波动式增长；SCI论文呈持续较快增长之势，尤其是"十二五"期间我国提出"建设海洋强国"战略以来，增速明显加快。自2013年开始，我国海洋领域SCI论文发文量超过CSCD论文发文量。

从海洋领域科技论文数量的年增长率来看，海洋学领域CSCD论文数量除2004年、2005年、2008年、2012年、2014年和2018年外，其他年份均为正增长趋势，2006年和2009年增长率均为15%以上；除2005年和2011年外，海洋领域SCI论文每年发文量均为正增长趋势，SCI论文数量的增长率在15%及以上的年份为2007年、2009年、2013年和2015年（表6-4）。

表 6-4　2001 ～ 2018 年我国海洋领域论文数量及年增长率

年份	CSCD 论文数量（篇）	SCI 论文数量（篇）	海洋领域科技论文数量（篇）	年增长率（%）	
				CSCD 论文	SCI 论文
2001	694	189	883		
2002	788	215	1003	13.54	13.59
2003	789	309	1098	0.13	9.47
2004	753	413	1166	-4.56	6.19
2005	707	393	1100	-6.11	-5.66
2006	821	419	1240	16.12	12.73
2007	940	487	1427	14.49	15.08
2008	905	607	1512	-3.72	5.96
2009	1127	686	1813	24.53	19.91
2010	1143	852	1995	1.42	10.04
2011	1239	833	2072	8.40	3.86
2012	1186	925	2111	-4.28	1.88
2013	1215	1237	2452	2.45	16.15
2014	1059	1346	2405	-12.84	-1.92
2015	1209	1675	2884	14.16	19.92
2016	1351	1806	3157	11.75	9.47
2017	1448	2034	3482	7.18	10.29
2018	1415	2388	3803	-2.28	9.22

2001～2018年我国海洋领域SCI论文发文数量为16 814篇，呈现明显增长趋势，尤其是在2012年之后快速增长（图6-21），2018年发文量是2001年的12.63倍。2013年是SCI论文增长数量的突变年，而后我国海洋领域SCI论文呈持续快速增长之势。由图6-22可以看出，2001～2018年，国际海洋领域SCI论文发文量波动较为明显，而我国发文量呈现持续增长趋势，尤其是进入"十三五"之后，增速明显。同时，分析结果显示（图6-23），2001～2018年，我国海洋领域SCI论文中第一作者单位是中国机构的SCI论文的数量增势明显。

我国海洋领域SCI论文学科交叉频繁。Web of Science（WOS）数据库中收录的记录覆盖252个学科类别。根据检索式在Web of Science数据库中检索到的我国海洋领域SCI论文共涉及22个学科类别。由表6-5可知，2001～2018年我国海洋科技研究涉及众多学科领域且学科之间交叉频繁。除海洋学外，在研究成果中涉及较多的学科领域还有海洋工程、土木工程、湖沼学、气象学与大气科

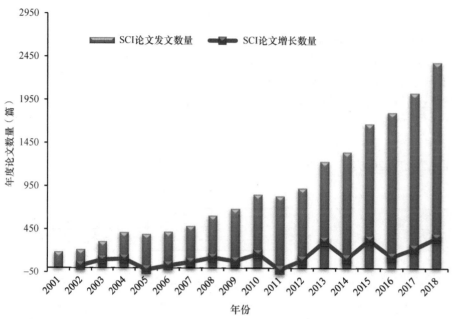

图 6-21　2001 ～ 2018 年我国海洋领域 SCI 论文年度发文数量及增长数量变化

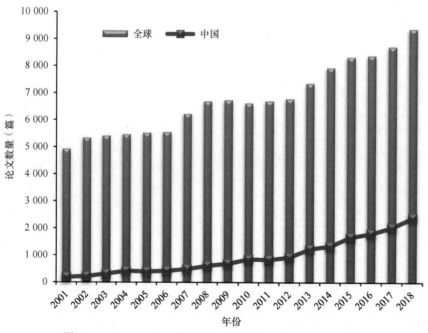

图 6-22　2001 ～ 2018 年我国与全球海洋领域 SCI 论文数量

学、水资源学、地学交叉科学、海洋与淡水生物学、机械工程、工程交叉科学、地质工程、采矿与选矿、生态学、地球化学与地球物理学、渔业学，以及海洋科技相关学科及交叉学科领域。

2001～2018年我国海洋领域SCI论文发文量最大的前20种期刊见表6-6。其中，载文量在1000篇之上的期刊包括：*Acta Oceanologica Sinica*、*Ocean Engineering*、*Chinese Journal of Oceanology and Limnology*、*China Ocean Engineering*，其次*Journal of Marine Science and Technology*、*Terrestrial Atmospheric and Oceanic Sciences*、*Journal of Ocean University of China*和*Journal of Geophysical Research-Oceans*载文量均在500篇以上。

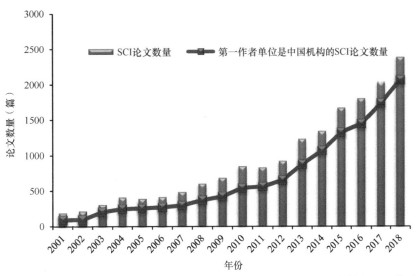

图 6-23　2001 ～ 2018 年我国海洋领域 SCI 论文数量与第一作者单位是中国机构的论文数量变化趋势

表 6-5　2001 ～ 2018 年我国海洋领域 SCI 论文学科分布

序号	WOS 学科分类（英文）	WOS 学科分类（中文）	论文数量（篇）
1	Oceanography	海洋学	13 948
2	Engineering, Ocean	海洋工程	4 293
3	Civil Engineering	土木工程	3 541
4	Limnology	湖沼学	1 767
5	Meteorology & Atmospheric Sciences	气象学与大气科学	1 490
6	Water Resources	水资源学	1 464
7	Geosciences, Multidisciplinary	地球交叉科学	1 438
8	Marine & Freshwater Biology	海洋与淡水生物学	1 372
9	Mechanical Engineering	机械工程	1 264
10	Engineering, Multidisciplinary	工程交叉科学	878
11	Geological Engineering	地质工程	282
12	Mining & Mineral Processing	采矿与选矿	282
13	Ecology	生态学	280
14	Geochemistry & Geophysics	地球化学与地球物理学	275
15	Fisheries	渔业学	199
16	Chemistry, Multidisciplinary	化学交叉科学	175
17	Electrical & Electronic Engineering	电子与电气工程	151
18	Remote Sensing	遥感	85
19	Environmental Science	环境科学	68
20	Mechanics	力学	68
21	Paleontology	古生物学	65
22	Energy & Fuels	能源与燃料	3

表 6-6　2001 ～ 2018 年我国海洋领域 SCI 论文发文期刊分布

序号	期刊名称	论文数量（篇）	序号	期刊名称	论文数量（篇）
1	*Acta Oceanologica Sinica*	1798	11	*Applied Ocean Research*	360
2	*Ocean Engineering*	1525	12	*Journal of Navigation*	335
3	*Chinese Journal of Oceanology and Limnology*	1306	13	*Marine Georesources & Geotechnology*	282
4	*China Ocean Engineering*	1055	14	*Marine Ecology Progress Series*	259
5	*Journal of Marine Science and Technology*	878	15	*Marine Geology*	218
6	*Terrestrial Atmospheric and Oceanic Sciences*	878	16	*Ocean & Coastal Management*	210
7	*Journal of Ocean University of China*	842	17	*Journal of Atmospheric and Oceanic Technology*	208
8	*Journal of Geophysical Research-Oceans*	812	18	*Journal of Marine Systems*	208
9	*Estuarine Coastal and Shelf Science*	452	19	*Coastal Engineering*	204
10	*Continental Shelf Research*	437	20	*Polish Maritime Research*	198

2001～2018年我国海洋领域SCI论文发文量排名前20的机构见表6-7。其中，中国科学院排名第一，是唯一一所发文量超过2500篇的机构。除中国科学院外，发文量超过1000篇的机构还有中国海洋大学和国家海洋局。除上述机构外，其他主要发文机构还有台湾海洋大学、大连理工大学、上海交通大学、台湾大学、厦门大学、青岛海洋科学与技术试点国家实验室等。

表 6-7　2001 ～ 2018 年我国海洋领域 SCI 论文主要发文机构

序号	机构名称（英文）	机构名称（中文）	论文数量（篇）
1	Chinese Acad. Sci.	中国科学院	2672
2	Ocean Univ. China	中国海洋大学	2117
3	State Ocean. Admin.	国家海洋局	1326
4	Taiwan Ocean Univ.	台湾海洋大学	787
5	Dalian Univ. Technol.	大连理工大学	687
6	Shanghai Jiao Tong Univ.	上海交通大学	669
7	Taiwan Univ.	台湾大学	594
8	Xiamen Univ.	厦门大学	580
9	Pilot Nat. Lab. Marine Sci. & Technol. (Qingdao)	青岛海洋科学与技术试点国家实验室	534
10	Zhejiang Univ.	浙江大学	438
11	"Taiwan Cent. Univ."	"台湾中央大学"	414
12	Hohai Univ.	河海大学	402
13	Taiwan "Acad. Sin."	台湾"中研院"	376
14	Sun Yat-sen Univ.	中山大学	351
15	Harbin Eng. Univ.	哈尔滨工程大学	344
16	Taiwan Cheng Kung Univ.	台湾成功大学	337
17	Tianjin Univ.	天津大学	318
18	Chinese Acad. Fishery Sci.	中国水产科学院	302
19	East China Normal Univ.	华东师范大学	247
20	Tongji Univ.	同济大学	238

二、基于 EI 论文论文成果的发展分析

2001～2018年我国海洋领域EI论文数量及占全球海洋领域EI论文数量的比例的年度变化[①]如图6-24所示（由于论文收录存在时滞，因而近几年论文数据不全，仅供参考，下同）。2001～2018年，我国海洋领域EI论文数量增速远远超过全球论文数量增速，2018年中国论文数量是2001年的21倍，我国海洋领域EI论文数量占全球海洋领域EI论文数量的比例从2001年的4.8%上升到2018年的30%，表明我国对海洋研究日趋重视。

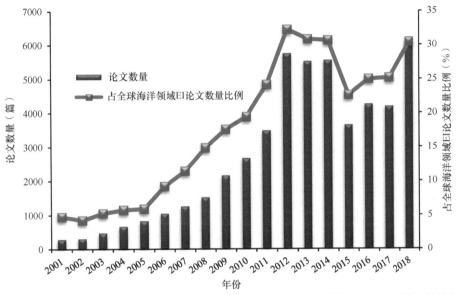

图 6-24　2001 ～ 2018 年我国海洋领域 EI 论文数量及其占全球海洋领域 EI 论文数量的比例

2001～2018年我国海洋领域EI论文的学科分布与国际相似，但我国以舰艇、船舶设备、结构构件和形状、海上建筑物等学科为主题的论文所占比重相对较大，如图6-25所示。

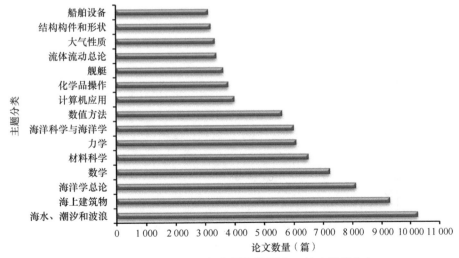

图 6-25　2001 ～ 2018 年我国海洋领域 EI 论文学科分布

2001～2018年我国海洋领域EI论文发文主要机构分布如图6-26所示。论文产出数量排名前15的

---

① EI未收录中国学位论文。

机构大多为综合性高校。中国科学院海洋领域EI论文数占全国该领域论文总数的11%。

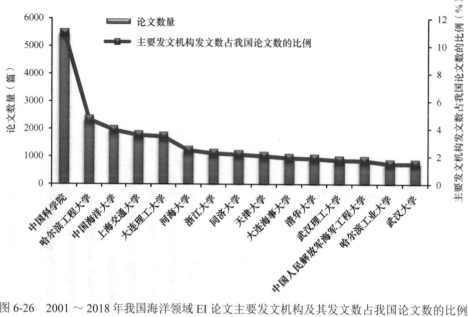

图 6-26　2001 ～ 2018 年我国海洋领域 EI 论文主要发文机构及其发文数占我国论文数的比例

三、海洋领域专利申请增势强劲

2001～2018年我国海洋领域专利申请数量持续增长，特别是自2006年以来增长迅速（图6-27），2018年专利申请数量为2001年的10倍（由于专利申请存在时滞，2016～2018年数据不全，仅供参考，下同）。2013年专利申请数量突破5000件，2018年专利申请数量突破10 000件。专利申请增速为年增长近800件。专利申请保持持续快速增长的态势表明，目前我国海洋领域技术发展尚处于高速增长期，未来专利申请数量可能还将进一步增加。

图 6-27　2001 ～ 2018 年我国海洋领域专利申请增长趋势

2001～2018年在我国海洋领域专利申请类型中，发明专利占64.6%，实用新型专利占31.4%，外观设计专利占比非常少，仅有4.0%（图6-28）。这一方面是因为受到目前专利政策制度的影响，另一方面，说明我国海洋领域专利技术研发占比较大，创新潜力较大。同时，实用新型专利和外观设计专利占比偏小，表明我国目前海洋相关科技产品数量较少。

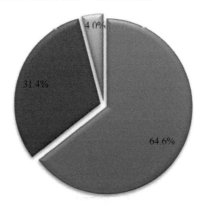

■发明专利 ■实用新型专利 ■外观设计专利

图 6-28 2001～2018 年我国海洋领域专利申请类型构成

从不同专利申请类型增长来看，在2001～2018年我国海洋领域专利申请类型中，专利申请增加主要来自发明专利和实用新型专利的申请，如图6-29所示。

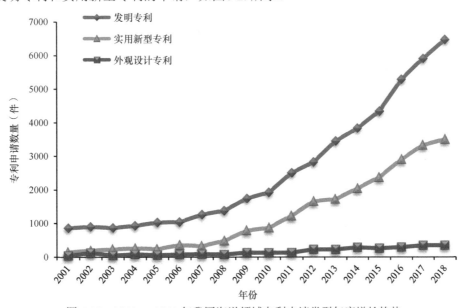

图 6-29 2001～2018 年我国海洋领域专利申请类型年度增长趋势

2001～2018年我国海洋领域专利申请出现频次较高的前15个技术方向（国际专利分类）依次为：C02F（污水、污泥污染处理）、A01K（畜牧业；禽类、鱼类、昆虫的管理；捕鱼；饲养或养殖其他类不包含的动物；动物的新品种）、B63B（船舶或其他水上船只；船用设备）、G01N（借助测定材料的化学或者物理性质来测试或分析材料）、F03B（液力机械或液力发动机）、E02B（水利工程）、B01D（分离）、E21B（土层或岩石的钻进）、A61K（医学用配置品）、E02D（基础；挖方；填方（专用于水利工程的入E02B）；地下或水下结构物）、A23L（不包含在A21D或A23B至A23J小类中的食品、食料或非酒精饮料）、A61P（化合物或药物制剂的特定治疗活性）、C12N（微生物或酶）、F16L（管子；管接头或管件；管子、电缆或护管的支撑；一般的绝热方法）、C09D（涂料组合物，例如色漆、清漆或天然漆；填充浆料；化学涂料或油

墨的去除剂；油墨；改正液；木材着色剂；用于着色或印刷的浆料或固体；原料为此的应用），如图6-30所示。

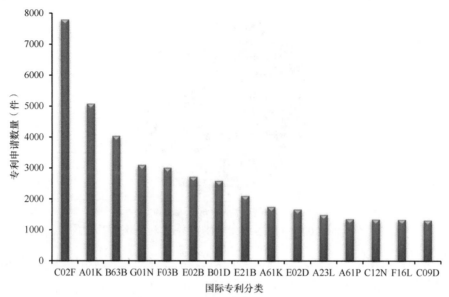

图 6-30　2001 ～ 2018 年我国海洋领域主要专利申请技术方向（国际专利分类）

2001～2018年我国海洋领域专利主要申请省（自治区、直辖市）中，山东位居第一（图6-31），主要贡献来自青岛，与其较多的涉海科研机构与大学密切相关。江苏和浙江分别位列第二、第三，广东位列第四。其他沿海省（自治区、直辖市）中，福建专利申请数量相对较少，广西则在前10名之外，排名第17位。非沿海省（自治区、直辖市）中，湖北位居前列，主要与该省造船相关行业密切相关。

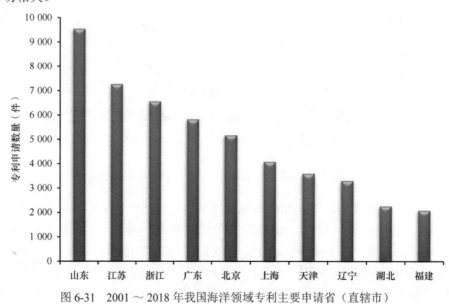

图 6-31　2001 ～ 2018 年我国海洋领域专利主要申请省（直辖市）

2001～2018年我国海洋领域专利主要申请省（自治区、直辖市）中，广东外观设计专利位居第一，一定程度上反映了广东海洋相关产品的开发设计水平领先于其他省（自治区、直辖市）；山东由于专利基数较大，居于发明专利和实用新型专利申请数量首位，如图6-32所示。发明专利占比最高的是广西，达到78%，最低的是湖北，占55%，实用新型专利占比最高的是湖北，达到41%，最低的是广西，占18%。

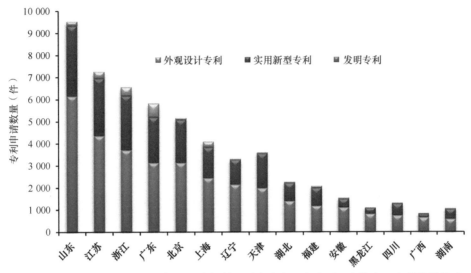

图 6-32 2001 ～ 2018 年我国海洋领域专利主要申请省（自治区、直辖市）专利类型构成

2001～2018年我国海洋领域专利申请数量排名前13的机构中，企业有4家，主要是中国海洋石油相关企业；大学有10家；科研院所有1家，也反映出我国专利申请数量的主要机构是大学与科研院所，企业占比仍然偏少，如图6-33所示。

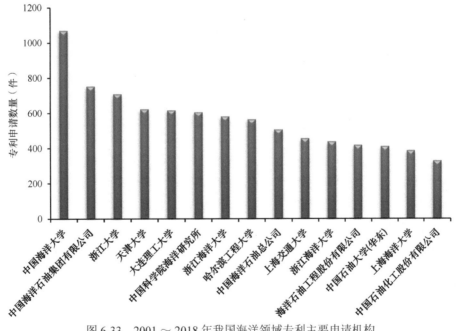

图 6-33 2001 ～ 2018 年我国海洋领域专利主要申请机构

第七章　全球海洋科技创新态势分析

本章针对2019年国际海洋战略规划、政策性报告及代表性的研究成果进行梳理分析，总结近期海洋研究热点及未来发展态势。

2019年，国际组织和世界主要海洋国家针对海洋科技研究战略规划的未来布局主要围绕海洋空间规划、海洋保护区综合治理、海洋塑料垃圾治理、海洋可持续发展等方面进行相关部署。海洋科学领域在海洋塑料污染、珊瑚礁衰退、海洋生态系统、极地海洋等方面的研究持续推进，在海洋升温认识、海洋物种发现、海洋新技术研发等方面取得诸多突破。

重要海洋研究热点领域和方向主要围绕海洋升温研究、海洋塑料污染研究、海洋珊瑚礁衰退研究、海洋生态系统研究、海洋生物研究、极地海洋研究、海洋新技术研发与应用等方面展开。

未来海洋科学研究将呈现以下态势：①气候变化背景下极地冰冻圈、海洋及其相互作用研究日益受到关注；②海洋塑料垃圾引起的海洋环境污染问题需要全球解决方案；③自主观测系统正在逐渐改变海洋监测方式；④海洋暮光区保护不容忽视。

第一节　重要政策及战略规划

在2019年全球海洋科技监测信息中，本节选取若干战略规划与政策性报告及代表性的研究成果开展态势分析研究。

2019年，联合国启动海洋空间规划、海洋保护区综合治理等相关倡议，并呼吁国际社会关注海洋暮光区管理，多个国际组织聚焦海洋环境保护问题，特别关注气候变化和海洋塑料垃圾问题。世界主要海洋国家也就重点领域进行了战略部署。美国提出发展海水淡化技术的战略规划，确定珊瑚礁保护的决策框架，并就海洋酸化问题、沿海油气开采和近海风能研发提供政策支持；欧盟探讨2030年海洋可持续发展；英国提出零排放航运转型的愿景；韩国发布首个海洋空间基本规划；日本提出旨在提高发展中国家应对海洋塑料垃圾污染能力的"海洋倡议"计划。

一、国际组织

联合国启动全球海洋空间规划新倡议。联合国教育、科学及文化组织（United Nations Educational, Scientific and Cultural Organization，UNESCO）政府间海洋学委员会（Intergovernmental Oceanographic Commission，IOC）和欧盟委员会于2019年2月11日和12日在联合国教育、科学及文化组织总部启动一项新的"全球海洋空间规划"项目[①]——MSPGlobal。该项目旨在促进海洋空间规划更好地发展，以避免冲突，并改善人类对海上活动的管理，如水产养殖、旅游、海洋能源和海底开发。结合联合国教育、科学及文化组织政府间海洋学委员会和欧盟委员会海事和渔业总干事于2017年发布的《联合路线图》九项行动，MSPGlobal项目的目标是到2030年将海洋空间规划体系覆盖的领海面积扩大两倍。

联合国环境规划署（United Nations Environment Programme，UNEP）发布海洋保护区综合治理指南。2019年9月，联合国环境规划署发布《建立有效和公平的海洋保护区：综合治理方法指南》（以下简称《指南》），提出了海洋保护区治理方法、类型、框架及激励措施，并通过来自世界各地34个海洋保护区的案例研究说明了海洋保护区治理需要采取灵活方法[②]。《指南》指出，实现海洋保护区的有效治理，需要重点建设"复原力"。方法包括增加不同营养群中的物种多样性，应用不同类别的多种激励措施，并结合国家、市场和人民治理的方法。激励措施的重点是促进行为模式的改变，以有效实现保护目标，推动可持续开发利用和增进公平。

联合国代表呼吁管理海洋暮光区。2019年8月，联合国代表在纽约讨论国际水域的海洋生物多样性问题，以制定关于公海生物可持续管理的新国际协议[③]。以前会议讨论主要集中在近地表水域和深海底层，会议代表呼吁应当将讨论范围扩展到暮光区。暮光区是指延伸到整个海洋中，深度为200～1000米（660～3300英尺）的跨越全球的巨大圈层。随着海面附近的鱼类数量减少，以及渔业越来越多地向深海发展，这些海洋中层的物种可能受到过度捕捞的影响。目前对暮光区的生命奥秘也知之甚少。因此，将这个栖息地纳入国际生物多样性的讨论之中具有重要意义，这一主题应该获得国际社会的关注。

世界气象组织（World Meteorological Organization，WMO）海洋观测系统报告分析全球海洋

---

① https://en.unesco.org/news/launch-new-initiative-maritime-spatial-planning [2019-02-12].

② https://www.unenvironment.org/resources/enabling-effective-and-equitable-marine-protected-areas-guidance-combining-governance [2019-09-06].

③ https://www.mbari.org/managing-animals-in-midwater/ [2019-08-12].

观测现状和价值。2019年7月1日，WMO海洋学和海洋气象学联合技术委员会（the Joint Technical Commission for Oceanography and Marine Meteorology，JCOMM）与IOC联合编写了《海洋观测系统》报告[1]，鉴于各国目前和日益迫切需要做出与气候变化影响有关的决定，强调了持续海洋监测的必要性。海洋观测为各国提供关键数据，以提供海洋天气和海洋服务，确保安全有效的海上作业，并提高极端事件的应急响应效率。它们对于提供科学评估以实现环境预测、适应气候变化及更有效地保护生态系统也至关重要。全球海洋观测系统正在引入新技术以进行不断改进，这些进步将提供更多的实时观测信息和长期监测海洋变化所需的高质量数据，同时也有助于解决样本不良地区缺乏数据的问题。

二十国集团（G20）峰会发布海洋环境科学声明。2019年3月6日，G20科学代表在日本东京召开"二十国集团科学机制"（Science20，S20）会议，20个国家科学院向2019年G20峰会主办国日本共同提交了题为《海岸带和海洋生态系统面临的威胁及海洋环境保护——特别关注气候变化和海洋塑废问题》的科学声明[2]。20个国家科学院在声明中提出呼吁：①进一步开发海洋资源的过程中，要以生态系统为基准，寻求专业的、基于证据的咨询和评估，减少对海洋环境的不良影响；②呼吁各国加倍努力，减少气候变化、过度捕捞和污染等对沿海和海洋生态系统造成的压力和影响；③通过建立友好合作网络，设定科学支持的目标及其后续行动，在国家、城市和地方各级形成更多的回收和节能行动；④通过教育加强基础研究设施（包括科研船、远程自主观测和调查能力）和人才队伍建设；⑤建立完善的数据存储和管理系统，确保全球科学家开放获取；⑥广泛共享各国合作开展的研究活动中获得的成果和信息，深化对全球海洋及其动态的科学认识。

世界银行（World Bank，WB）呼吁加勒比海地区采取紧急行动解决海洋污染。2019年5月30日，世界银行发布了题为 *Marine Pollution in the Caribbean, Not a Minute to Waste*[3]的报告。该报告呼吁采取紧急行动，恢复受损的生态系统，保护加勒比海的海洋资源，并提出预防海洋污染的12项行动议程：建设基于加勒比海区域统一的监测体系和方案，构建统一联动的海洋污染监测数据库；开展海洋污染的量化经济评估，包括污染防治和治理成本的评估；开展该区域间各个国家在政策和立法层次的对接；各个国家将海洋污染防治政策纳入更广泛的国家政策和规划框架内；提高当地在污染和水质管理方面的专业知识和技术能力；提高公众对水质和海洋生态系统的重要性的认识；加强多部门机制联动，建立伙伴关系，共同治理海洋污染；在国家预算范围内优先安排，增加海洋污染防治资金；各国政府对垃圾控制做出战略投资承诺；减少包括塑料在内的常见和持久性垃圾的消耗，积极开发合适的替代品；减少未经处理的污水和营养物质的排放，促进废水的资源回收；在优先事项中采取有针对性和符合成本效益的措施，改善化学品和工业污染控制。

世界自然基金会（World Wildlife Fund，WWF）强调减缓气候变化对海产品的影响。2019年6月4日，WWF发布题为 *Mitigating Climate Change Impacts on Food Security from the Ocean*[4]的简报，指出气候变化对渔业管理和粮食安全都构成重大挑战。到2050年，发展中国家的海产品年度捕获量可能会减少50%，而欧盟70%的海产品是进口的。WWF呼吁欧盟在海洋治理方面发挥全球领导作用，并敦促所有成员国和行业利益攸关方加紧努力，争取实现可持续渔业和以生态系统为基础的海洋管理。

---

① https://en.unesco.org/news/new-report-card-shows-state-and-value-ocean-observations [2019-07-01].
② https://www.leopoldina.org/uploads/tx_leopublication/2019_S20_Japan_Statement_07.pdf [2019-05-05].
③ http://www.worldbank.org/en/news/press-release/2019/05/30/new-report-calls-for-urgent-action-to-tackle-marine-pollution-a-growing-threat-to-the-caribbean-sea [2019-05-30].
④ http://www.wwf.eu/media_centre/publications/?uNewsID=347972 [2019-09-23].

二、美国

美国沿海和海洋酸化压力源与威胁（COAST）研究法案对海洋和河口酸化数据进行长期标准化管理。2019年2月14日，美国国会提出《2019年沿海和海洋酸化压力源与威胁研究法案》[①]，将加强联邦政府在研究和监测不断变化的海洋条件方面的投资，并将帮助沿海社区更好地了解和应对环境压力因素对海洋和河口的影响。法案内容主要包括：加强对研究和监测海洋和河口酸化的投资；提高对海洋酸化和沿海河口酸化的经济影响的认识；通过咨询委员会让利益攸关方（包括商业性渔业、研究人员和社区领导）参与；提供针对不同来源（如国家环境信息中心、综合海洋观测系统等）的海洋酸化数据的长期管理和标准化；确认海洋酸化对河口和海洋的影响。

美国众议院通过法案扩大禁止沿海地区油气开采的范围。2019年9月11日，美国众议院通过2项法案，禁止在大西洋和太平洋沿岸及佛罗里达州进行新的海上石油和天然气钻探[②]。此举旨在保护美国沿海地区环境，使重要水域免遭原油污染，以免重蹈2010年英国石油公司墨西哥湾漏油事件造成灾难性后果的覆辙。法案支持者和反对者之间争议的焦点在于如何在保护沿海地区环境和增加就业促进经济发展之间进行取舍。来自沿海各州共和党及民主党地方政府官员及立法者均强烈反对扩大开采范围。

美国白宫科技政策办公室（Office of Science and Technology Policy，OSTP）发布海水淡化统筹战略规划。2019年3月22日，OSTP发布《以加强水安全为目标的海水淡化统筹战略规划》[③]，旨在响应2016年《水务基础设施改善法案》中提出的指导方针。该战略规划确定了支持美国海水淡化工作的3个首要目标，包括：减少风险并简化当地规划，以支持海水淡化；减少技术和经济障碍，使海水淡化技术得以应用；鼓励美国与国际合作，发展海水淡化技术。该战略规划还提出美国海水淡化工作的8个优先研究事项：评估水资源和未来的需求、开发海水淡化工具和制定最佳方案、鼓励海水淡化的早期研发、开发小型模块化海水淡化系统、推进减少生态影响的海水淡化技术、加强联邦机构的协调、优化公私伙伴关系、国际合作。

美国国家学术出版社（the National Academies Press，NAP）确定保护珊瑚礁的决策框架及优先研究方向。2019年6月4日，美国国家科学院、国家工程院和国家医学院发布题为《提高珊瑚礁持久性和恢复力的干预措施的决策框架》[④]的报告，研究了拯救受气候变化威胁的珊瑚礁的新方法，指导当地决策者如何评估干预措施的风险和效益，并探讨提高珊瑚礁持久性和恢复力的干预措施的决策框架。报告提供了明确的适应型管理步骤：①确定决策背景，与利益相关者一起设定目标；②建模研究干预措施、生物物理成果和目标之间的联系；③分析可选方案之间的标准权衡；④选择干预措施或管理活动组合，并确定评价指标；⑤实施干预措施，启动和维持监测计划；⑥评估、交流和调整干预措施。

美国多部门联合签署新的近海风能研发谅解备忘录。2019年3月26日，NOAA下属的国家海洋渔业局发表消息称，美国国家海洋渔业局、海洋能源管理局（Bureau of Ocean Energy Management，BOEM）和高度负责任的离岸开发联盟（Responsible Offshore Development Alliance，RODA）签署了一份为期10年的谅解备忘录[⑤]。该备忘录将当地和区域渔业行业与联邦监管机构联合起来，就

---

① https://oceanleadership.org/ocean-acidification-bills-coast-to-committee/ [2019-04-12].
② https://www.apnews.com/af456b61a33c432095180f6d3050b388 [2019-09-12].
③ https://www.whitehouse.gov/wp-content/uploads/2019/03/Coordinated-Strategic-Plan-to-Advance-Desalination-for-Enhanced-Water-Security-2019.pdf [2019-03-10].
④ https://www.nap.edu/catalog/25424/a-decision-framework-for-interventions-to-increase-the-persistence-and-resilience-of-coral-reefs [2019-11-15].
⑤ https://www.fisheries.noaa.gov/feature-story/noaa-boem-fishing-industry-sign-new-memorandum-understanding [2019-05-26].

大西洋外大陆架近海风能研究和开发过程进行合作。新的谅解备忘录注重参与、研究和监测3个方面，确定了共同利益的4个领域：可靠的离岸风能规划、风能项目选址、风能开发及与区域和当地渔业行业合作。

NOAA发布应用新兴科学技术的战略草案。2019年11月14日，NOAA发布了应用新兴科学技术的战略草案①，将在全机构范围内进行强有力的协调，并确保NOAA高级领导层为这些新兴的科学和技术重点领域的应用提供强有力的支持，以指导NOAA的科学、产品和服务的质量与效率的转型。该战略草案包括无人系统战略、人工智能战略、"生物组学"战略和云战略等4个方面。

美国国际战略研究中心（Center for Strategic and International Studies，CSIS）启动斯蒂芬森海洋安全项目（Stephenson Ocean Security Project，SOS）。2019年1月10日，美国国际战略研究中心启动了一项斯蒂芬森海洋安全项目②，专注于海洋健康与全球安全之间的联系。该项目将强调海洋资源争端如何导致全球关键地区的不稳定，以及气候变化如何通过退化的生态系统和开辟新的潜在开发领域来加剧这一挑战。

三、欧洲

欧洲海事局（The European Marine Board，EMB）发布下一代欧洲研究船发展报告。2019年11月21日，欧洲海事局发布题为《下一代欧洲研究船：现状和可预见的发展》的研究报告③，与欧洲研究船运作组织（ERVO）合作，分析了欧洲船队的能力、设备及其管理情况，并强调继续通过欧洲海洋研究基础设施数据库提供有关欧洲研究船服务能力、设备和船队数量的最新信息，确保欧洲船队能够继续为科学提供同样高水平的支持，特别是在深海和极地等专门领域。

EMB探讨2030年海洋可持续发展。2019年6月，欧洲海洋委员会发布题为《导航未来V》④（*Navigating the Future V*）的报告，为欧洲各国政府提供关于2030年及以后未来海洋和海洋研究的科学建议。该报告特别建议与所有利益攸关方共同设计一个以解决方案为导向的海洋研究议程，其核心是可持续发展的治理。它应该解决以下关键的知识差距：①四维海洋（三维海洋随空间和时间的变化）和海洋系统各组成部分之间的功能联系，即物理学、化学、生物学、生态学和人类；②多种压力源（如气候变化、污染、过度捕捞）对海洋生态系统功能的影响、它们之间的相互作用、进化和适应，以及它们提供的生态系统服务；③与气候有关的极端事件和地质灾害（如海洋热浪、陨石和海底地震、滑坡、火山爆发及其引发的海啸）的特征、可能性和影响，以及这些极端事件和地质灾害在气候变化下可能发生的变化；④可持续海洋观测所需的海洋技术、模型、数据和人工智能，以理解、预测和管理人类对海洋的影响。

欧洲环境署（European Environment Agency，EEA）发布欧洲海洋污染物报告。2019年5月15日，欧洲环境署发布"欧洲海洋污染物"报告⑤，首次对欧洲四大区域海洋（regional seas）的污染情况进行了评估，指出欧洲区域海洋污染治理取得了一定进展，但合成物污染和重金属污染仍然是欧洲的一个大规模问题，欧洲75%～96%的海域存在污染问题。

英国《海事2050战略》提出实现零排放航运的愿景。英国政府于2019年1月14日发布了《清

① https://www.noaa.gov/media-release/noaa-releases-new-strategies-to-apply-emerging-science-and-technology [2019-11-14].
② https://oceanleadership.org/the-launch-of-the-stephenson-ocean-security-project/ [2019-01-25].
③ http://www.marineboard.eu/publications/next-generation-european-research-vessels-current-status-and-foreseeable-evolution [2019-11-01].
④ http://noc.ac.uk/news/ocean-we-need-europes-leading-ocean-experts-launch-advice-governments [2019-06-11].
⑤ https://www.eea.europa.eu/highlights/contamination-of-european-seas-continues [2019-05-15].

洁空气战略2019》，要求英国主要的港口在2019年底之前制定自己的空气质量战略。2019年1月24日，英国交通部（Department for Transport）发布《海事2050战略》[①]，提出了英国2050年海洋环境的展望，详细阐述了到2050年实现零排放航运的愿景，包括以下4个方面。①迈向零排放航运：到2050年，零排放航运在全球普遍存在。②尽量减少对环境的影响：到2050年，尽管海洋使用越来越多，蓝色经济日益增长，但英国海事部门对海洋环境的影响接近于零。③成功适应气候变化的影响：到2050年，英国海事部门将继续成功地适应气候变化带来的不断变化的风险。④通过持续的国际领导来实现目标：到2050年，英国将继续在全球海洋环境外交中发挥领导作用。

英国政府发布《清洁航运计划》。2019年7月11日，英国交通部发布《清洁航运计划》[②]，阐述了英国政府向零排放航运转型的雄心。预计到2025年实现以下两个方面的目标。①所有在英国水域运营的船舶都将最大限度地提高能源效率使用。所有在英国水域运营的新船都应具有零排放推进能力。零排放商用船将在英国水域运行。②英国正在建设清洁海运集群，重点关注与零排放推进技术相关的创新和基础设施，包括低排放燃料或零排放燃料的加注。预计到2035年实现以下两个方面的目标。①英国建立大量的清洁航运集群，重点关注与零排放推进技术相关的创新和基础设施。英国各地都有低排放或零排放的船用燃料加注方案。②英国船舶登记局（UK Ship Register）成为全球清洁航运的领导者，英国拥有世界领先的零排放海事部门，其中包括：强大的英国出口产业；前沿研发活动；与清洁航运增长相关的全球投资、保险和法律服务中心。

爱尔兰发布《海洋规划政策声明（草案）》。2019年6月，爱尔兰外交和贸易部、农业食品和海洋部及住建部联合发布了《海洋规划政策声明（草案）》[③]（以下简称《声明》）。《声明》简要概述了爱尔兰海洋规划系统结构、未来发展愿景、政府监督下的海洋规划参与主体及其他相关公共主体的总体政策和原则、海洋规划高级别优先事项，为下一步爱尔兰国家海洋框架的制定与实施奠定了基础。《声明》强调，爱尔兰的海洋规划体系必须以最新、最全的立法框架为基础，以做最优决策支撑；制订与国家规划框架平行的综合海洋远期计划[④]。

四、其他国家和地区

韩国发布首个海洋空间基本规划。2019年7月，韩国海洋水产部发布了《海洋空间管理总规划（2019~2028）》[⑤]。该规划是根据韩国《海洋空间规划与管理法》第5条制定的海洋空间相关最高级别规划，是韩国首个海洋空间规划，也是与领海、专属经济区、大陆架的系统管理和政策有效推进相关的中长期规划。该规划制定了三大目标、五大推进战略、13个重点推进课题[⑥]。五大战略包括：进行海洋空间管理的优先规划；为基于科学的综合海洋空间管理系统奠定基础；建立和完善海洋空间管理数据库；为海洋空间管理创建开放式治理；加强基础架构以实施管理方案。

为推动实现"蓝色海洋愿景"，日本发布"海洋倡议"（MARINE Initiative）计划。2019年6月29日，日本在G20大阪峰会上提出"蓝色海洋愿景"，目标是到2050年将海洋塑料垃圾的额外污染减少到零。为此，日本政府推出了"海洋倡议"[⑦]计划，将通过全球范围内推进有效的废物管

---

① https://assets.publishing.service.gov.uk/government/uploads/system/uploads/attachment_data/file/773178/maritime-2050.pdf [2019-01-01].

② https://www.gov.uk/government/speeches/clean-maritime-plan [2019-06-11].

③ https://www.housing.gov.ie/planning/marine-spatial-planning/government-launches-marine-planning-policy-statement [2019-06-13].

④ http://www.oceanol.com/guoji/201909/20/c89945.html [2019-09-20].

⑤ http://www.mof.go.kr/eng/article/view.do?articleKey=26976&boardKey=41&menuKey=485&currentPageNo=1[2019-09-23].

⑥ http://www.oceanol.com/guoji/201908/02/c88748.html [2019-08-02].

⑦ https://www.mofa.go.jp/ic/ge/page25e_000317.html [2019-06-29].

理、海洋垃圾回收、创新和赋能行动，对抗海洋塑料垃圾。措施包括：发展能力和机构，包括与废弃物有关的法律框架和废弃物分类/收集系统，以促进废物管理和3R（减少原料、重新利用和物品回收）；制定解决海洋垃圾的国家行动计划；引入优质的环境基础设施，如废弃物回收设施和废弃物能源工厂等。

日本修订海洋能源和矿产资源开发计划。2019年2月15日，日本经济产业省修订了《海洋能源和矿物资源开发计划》[①]（*Plan for the Development of Marine Energy and Mineral Resources*）。为实现《海洋基本计划》政策规定的目标，修订后的开发计划具体规定了对于甲烷水合物、石油和天然气、深海矿物等海洋能源和矿产资源按不同技术开发要素开展的研究方法，以及未来五年开发资源的未来方向。

2019年8月28日，澳大利亚海洋科学研究所（Australian Institute of Marine Science，AIMS）发布2019～2020年战略计划[②]，根据澳大利亚的未来海洋科学优先事项，提出了AIMS的海洋科学研究重点，包括提供长期的珊瑚礁和物理-化学监测计划、自主和自动化的海洋观测技术与评估方法、关键濒危海洋物种的栖息地和种群状况调查、沿海地区环境条件和功能模型、珊瑚漂白的驱动因素及其空间分布、珊瑚礁生物健康的微生物群落基线等。

第二节　热点研究方向

在对2019年全球海洋研究论文进行梳理后，遴选出7个重要的研究热点领域和方向：海洋升温研究、海洋塑料污染研究、海洋珊瑚礁衰退研究、海洋生态系统研究、海洋生物研究、极地海洋研究、海洋新技术研发与应用。

一、海洋升温研究

英美有关研究提供了首个1871年以来全球海洋升温估计。2019年1月7日，来自牛津大学、英国气象局哈德莱中心和美国得克萨斯大学奥斯汀分校的研究人员提出了一种方法来重建覆盖了全球和全深度范围的海洋温度变化，提供了首个自1871年以来全球海洋升温的估计[③]。结果显示，自1871年以来，全球海洋热含量增加了436×10^{21}焦耳。该结果证明海洋吸收了人类活动产生的温室气体引起了气候系统中大部分多余能量。

2018年海表温度接近历史最高水平。2019年8月12日，由NOAA国家环境信息中心（NCEI）编制的《2018年气候状况》（*State of the Climate in 2018*）报告显示[④]如下几个方面内容。①海表温度接近历史最高水平。2018年全球平均海表温度远高于1981～2010年的平均值，深层海洋正在逐年变暖。②海洋水文循环正在增强。海面盐度模式进一步表明，干旱地区的降水减少且盐度升高，湿润地区的降水增加且盐度降低。自2005年以来，大西洋600米深以上的海水盐度稳定升高。③全球上层海洋热含量创历史新高。全球海洋热含量在2018年达到历史最高水平。这一记录反映了上层海洋（700米深至海表）的热量不断积累。海洋吸收了全球变暖导致的额外热量的90%以上。④全球海平面记录达历史新高。2018年，全球平均海平面连续第7年创历史新高，比1993年平均水平高8.1厘

---

① https://www.meti.go.jp/english/press/2019/0215_004.html [2019-02-15].
② https://www.aims.gov.au/sites/default/files/AIMS_Corporate%20Plan%202019-20_accessible.pdf [2019-08-30].
③ https://www.pnas.org/content/early/2019/01/04/1808838115#abstract-2 [2019-01-07].
④ https://www.ametsoc.net/sotc2018/Socin2018_lowres.pdf [2019-03-20].

米。全球海平面每十年平均上升3.1厘米。

2019年海洋温度又创新高。2020年1月13日，来自中国科学院大气物理研究所、中国科学院海洋研究所、美国圣托马斯大学（St. Thomas University）的研究人员基于全球3800个自沉浮式剖面探测浮标（Argo浮标）监测数据，分析了全球海洋平均温度和热含量，结果显示[1]，继2017和2018年海洋创纪录变暖之后，2019年海洋升温又创新高，成为有现代海洋观测记录以来海洋最温暖的一年。海洋热量的增加速度越来越快，1987～2019年的增加速度比1955～1986年的快了4倍多。

海洋变暖的速度可能比预想的更快。2019年1月11日发表在《科学》（Science）期刊上的一项研究成果表明[2]，温室气体捕获的热量导致海洋变暖的速度比之前预想的更快。据估计，温室气体捕获的太阳能有93%都累积在全球海洋中。海洋深部温度不受厄尔尼诺暖流或火山爆发等气候事件的影响，因此更容易在海洋深部（而不是表层）探测到全球变暖信号。该研究利用CMIP5模型预测海洋热含量的变化趋势：假设没有减排措施，到21世纪末，全球2000米处的海洋最高温度将上升0.78摄氏度。温度升高引起的热膨胀会使海平面上升30厘米，这比由冰川和冰原融化引起的海平面升高程度还严重。温暖的海洋还将催生更强的风暴、飓风和极端降水。

二、海洋塑料污染研究

斯克里普斯海洋研究所（Scripps Institution of Oceanography，SIO）采用全球方法研究微塑料和微纤维。2019年8月13日，SIO发布新闻称[3]，海洋科学家为解决环境中的塑料退化问题，采用全球方法研究微纤维和微塑料。研究人员利用荧光技术开发新技术，以检测从水样中过滤出来的微塑料。研究人员在世界各地监测微纤维，了解这些纤维如何进入和扩散到环境中，确定限制塑料污染的可能途径，了解海洋中的塑料降解，特别是微塑料和相关微纤维的较小颗粒。未来研究将提供全球微纤维分布图，以便更好地评估这些微小合成材料在人们食物中的作用。研究人员希望解决两个基本问题：哪些原始材料在海洋环境中降解，供应链中的哪些过程改变了纺织品的降解。

在以色列海岸海鞘生物中发现微塑料和塑料添加剂。2019年1月3日，特拉维夫大学（Tel Aviv University，TAU）的研究人员证实[4]，在以色列海岸线沿岸的独有的海鞘生物中存在微塑料和塑料添加剂。研究人员开发了一种可以测试海洋生物中塑料添加剂成分的新方法，可不经过实验室设备，以防止实验室的塑料设备对提取物的干扰。该研究团队在各个采样点发现了不同程度的污染物，即使是在受保护的海滩，也有海鞘被塞满微塑料和塑料添加剂的情况。研究人员认为，这是人类使用塑料的直接结果。研究表明，塑料物质存在于海鞘中，就可能存在于其他海洋生物体中。

微塑料常积聚在深海生物群落热点地区。2019年4月30日，英国国家海洋学中心（National Oceanography Centre，NOC）的一项研究[5]综合了海底微塑料分布知识，结合基于过程的粒子输运沉积学模型，结果表明，微塑料经常积聚在深海底层，与多样化和密集的海洋生物群落在同一个地方。由于相同的海底沉积物流动可以传递维持生命所需的氧气和营养物质，也可以通过海底峡谷等途径将微塑料从城市河流输送到深海底层。

---

① https://link.springer.com/content/pdf/10.1007/s00376-020-9283-7.pdf [2020-01-27].
② https://science.sciencemag.org/content/363/6423/128 [2019-01-11].
③ https://scripps.ucsd.edu/news/scripps-oceanography-researchers-adopting- [2019-08-13].
④ https://www.sciencedaily.com/releases/2019/01/ 190103110630.htm [2019-01-03].
⑤ https://www.frontiersin.org/articles/10.3389/feart.2019.00080/full [2019-04-30].

热带水域微塑料含有毒细菌。2018年11月17日，新加坡国立大学（National University of Singapore，NUS）海洋科学家进行的一项实地调查首次研究了热带沿海地区的微塑料细菌群落，结果发现了生活在微塑料表面的有毒细菌[①]。通过高通量测序技术，该团队在收集的微塑料中发现了400多种不同类型的细菌，包括可降解塑料的赤杆菌属细菌和用于清理溢油的维罗纳假单胞菌，以及与珊瑚白化和疾病相关的罗氏沼虾发光细菌。

美国的研究发现二战后海洋沉积物中的塑料污染激增。2019年9月4日，美国加利福尼亚大学的研究人员研究了1834～2009年加利福尼亚州南部沿海海洋沉积物中微塑料颗粒沉积的历史变化，在《科学进展》（Science Advances）刊文指出[②]，二战结束以来，海洋沉积物中的塑料数量呈指数增长，大约每15年翻一番。1945年之后，微塑料迅速增加，到2010年，圣巴巴拉盆地海洋沉积物中的塑料沉积是二战前的10倍，其中67.5%的塑料颗粒是塑料纤维、14%是其他塑料碎片，9.7%是塑料薄膜。塑料沉积的这一增长与全球塑料产量和加利福尼亚州南部沿海人口同期增长密切相关。

海洋塑料污染造成巨额经济损失。2019年3月28日，英国普利茅斯海洋实验室（PML）科研人员发表题为《海洋塑料对全球生态、社会和经济的影响》[③]的文章指出，科学家首次发现漂浮在海洋中的塑料每年给人类社会造成数百亿美元甚至数千亿美元的资源破坏和损失，并影响人类的健康和福祉。综合塑料对全球生态的影响，并将其转化为生态系统服务的影响，研究估计海洋生态系统服务将减少1%～5%，即每年从全球海洋生态系统服务获益的价值中损失5000～25 000亿美元，相当于每吨海洋塑料每年减少环境价值3300～33 000美元。

三、海洋珊瑚礁衰退研究

美国研究人员绘制高分辨率全球珊瑚礁地图。2019年4月19日，由来自哈立德·本·苏丹生命海洋基金（Khaled bin Sultan Living Oceans Foundation，LOF）和迈阿密大学海洋与大气科学学院的科学家开展的一项研究[④]，提供了一种利用地球轨道卫星和野外观测来精确绘制珊瑚礁图谱的新方法。高分辨率珊瑚礁地图包含浅水海洋栖息地的信息及主要探险地点的海草床和红树林信息。该图集是为期10年的全球珊瑚礁探险的结果，也是有史以来第一个包含超过15个国家共计65 000平方千米的1000多个偏远珊瑚礁和周围栖息地的全球珊瑚礁地图集。珊瑚礁地图集提供了珊瑚礁所处位置及其健康状况的快照，科学家将使用这些栖息地图作为基线数据来帮助跟踪珊瑚礁成分和结构随时间的变化。

澳大利亚新报告表明大堡礁健康状况参差不齐。2019年7月，澳大利亚海洋科学研究所（AIMS）发布的大堡礁健康检查年度报告显示[⑤]，大堡礁越来越频繁地受到外界干扰，大堡礁北部、中部和南部的珊瑚健康状况喜忧参半，大堡礁需要更多的时间来恢复。AIMS对珊瑚礁进行了30多年的监测，并保存了澳大利亚最大的海岸、海洋和珊瑚礁相关数据集，提供了珊瑚礁群落变化的连续记录。报告显示，在中部地区，珊瑚覆盖率从2018年的14%降至2019年的12%；在南部地区，珊瑚覆盖率从2018年的25%下降到2019年的24%；在北部地区，整个地区的珊瑚覆盖率略有上升，从2017年的11%上升到2019年的14%，但2019年的珊瑚覆盖率仍然接近1985年最高水平

① http://news.nus.edu.sg/press-releases/toxic-bacteria-on-microplastics-tropical [2019-02-11].
② https://advances.sciencemag.org/content/5/9/eaax0587 [2019-09-04].
③ https://www.pml.ac.uk/News_and_media/News/Marine_plastic_has_a_cost_to_humans_too [2019-03-28].
④ https://link.springer.com/article/10.1007/s00338-019-01802-y [2019-04-19].
⑤ https://www.aims.gov.au/reef-monitoring/gbr-condition-summary-2018-2019 [2019-07-11].

的一半。

珊瑚礁的栖息地正在发生迁移。2019年7月4日，来自美国、日本、法国、澳大利亚和中国台湾的科研人员共同发表新研究[①]，发现珊瑚礁正在从赤道水域撤退，并在更温和的地区建立新的珊瑚礁。研究人员编制了一个全球数据库，记录1974～2012年珊瑚新成员的标准化密度，并使用其中的数据来测试珊瑚新成员分布的纬度范围变化。研究人员发现在过去的40年里，热带珊瑚礁上的年轻珊瑚数量下降了85%，而亚热带珊瑚礁的数量则增加了一倍。

气候变化和沿海开发导致近岸珊瑚减少。2019年8月27日，《全球变化生物学》（*Global Change Biology*）杂志上发表[②]一项研究，即对世界第二大珊瑚礁系统——伯利兹堡礁（Belize Mesoamerican Barrier）珊瑚的生长速度进行了比较，结果发现在过去的十年里，生活在海岸附近的珊瑚的生长速度下降了。珊瑚生长率的下降可能表明，由于气候变化和人类活动（如沿海开发），导致近岸珊瑚所承受的压力更大，近岸珊瑚以往所拥有的任何环境优势都已减弱。研究结果还表明，随着时间的推移，气候变化将减缓近岸和海上珊瑚的生长速度。

海洋变暖是造成珊瑚礁全球衰退的主要原因。2019年2月19日，北卡罗来纳大学教堂山分校（University of North Carolina at Chapel Hill）的一项新研究报告[③]称，保护珊瑚礁免受捕捞和污染无助于珊瑚种群应对气候变化。该研究对18个案例进行了定量审查，分析了来自全球15个国家的66个受保护珊瑚礁和89个未受保护珊瑚礁的数据。通过比较大规模的干扰事件（如大规模漂白事件、大型风暴和疾病暴发）对海洋保护区与非保护区珊瑚礁的影响，测量了弹性管理的有效性。研究表明，海洋变暖是导致造礁珊瑚全球衰退的最主要原因，唯一有效的解决方案是立即大幅度减少温室气体排放。

四、海洋生态系统研究

全球海洋生物正在发生前所未有的变化。2019年2月25日，《自然·气候变化》（*Nature Climate Change*）发表题为《全球海洋生物正在发生前所未有的变化》文章[④]指出，在过去十年中，海洋变暖导致全球海洋中的生物变化正在加速，对人类赖以生存的海洋资源产生了重要影响。由海洋生物学协会（MBA）、普利茅斯大学和普利茅斯海洋实验室（PML）领导的研究团队引入了一种基于METAL理论的新模型，基于生命或金属排列的宏观生态理论，快速识别可能会对海洋生物多样性和相关生态系统服务产生重大影响的主要生物变化，并预测全球变暖可能带来的其他影响。研究发现，2010～2015年，全球海洋生物数量发生了前所未有的变化。这些变化证明了海洋生物对高温的整体反应，也证实了气候变化对全球生态系统的影响。

海洋热浪威胁全球生物多样性及其生态系统服务功能。2019年3月4日，《自然·气候变化》发表题为《海洋热浪威胁全球生物多样性及其生态系统服务供应》的文章[⑤]显示，海洋热浪年均发生天数增加可能导致整个海洋生态系统的重构，并影响海洋生态系统的产品和服务，造成重大的社会经济损失。来自西澳大利亚大学、加拿大达尔豪西大学、澳大利亚塔斯马尼亚大学等机构的研究人

---

① https://www.int-res.com/articles/feature/m621p001.pdf [2019-07-04].
② https://www.nsf.gov/discoveries/disc_summ.jsp?cntn_id=299144&org=NSF&from=news [2019-09-03].
③ https://www.annualreviews.org/doi/10.1146/annurev-marine-010318-095300 [2019-01-30].
④ https://www.pml.ac.uk/News_and_media/News/Massive_biological_shifts_in_the_global_ocean [2019-02-25].
⑤ https://www.nature.com/articles/s41558-019-0412-1 [2019-03-09].

员基于现有的海洋热浪数据框架，分析了海洋热浪的变化趋势，评估了海洋热浪对物种乃至生态系统造成的影响。研究结果显示，1987～2016年，年均热浪天数比1925～1954年增加了54%。太平洋、大西洋和印度洋内的多个区域极易受到海洋热浪加剧的影响，虽然不同海洋热浪的差异很大，但随时可能会因人为影响而加剧气候变化。预计在未来几十年，海洋热浪将破坏珊瑚、海草和海带等极其重要物种的生物过程，最终导致大面积生物死亡、种域变化和群落重构，甚至导致整个海洋生态系统的重构。此外，海洋热浪还将对海洋生态系统的产品和服务功能产生深远的影响，如减少渔业捕捞量、改变生物地球化学过程等，进而造成重大的社会经济损失。

上游水电站大坝对沿海生态系统造成影响。2019年3月13日，美国斯克里普斯海洋研究所的一项研究指出[1]，内陆河大坝对海岸线与河口栖息地的稳定性和生产活动具有高度破坏性影响。该项目由加利福尼亚大学圣地亚哥分校和河滨分校与斯克里普斯海洋研究所的研究人员共同研究，研究人员分析了墨西哥锡那罗亚州和纳亚里特州的4条河流的下游生态系统，发现，在被阻塞河流的河口周边，红树林等重要生态系统出现了严重的衰退。每年有超过100万吨的泥沙被截留在富尔特河和圣地亚哥河河道的大坝中，导致河口处出现明显的海岸生态退化。

深海采矿对生态的影响可持续几十年。2019年5月29日，英国国家海洋学中心发表在《科学报告》（*Scientific Reports*）上的研究结果表明[2]，海底采矿对深海生态系统的影响可以持续几十年。NOC的研究人员重新考察了一个近30年前秘鲁附近模拟深海采矿活动的地点，以评估海床和生态系统的恢复情况。研究结果表明，1989年的模拟采矿冲击对秘鲁盆地巨型底栖生物的影响在26年后仍然明显，大规模商业采矿的影响可能导致关键生态系统功能不可逆转的破坏。

海洋生态系统的保护进展缓慢。2018年12月13日，《生态与保育观点》（*Perspectives in Ecology and Conservation*）发表题为《世界海洋生态系统的希望与不确定》的文章[3]指出，目前全球在实现联合国可持续发展目标（SDGs）方面的进展不足以避免生物多样性危机。由加利福尼亚科学院（California Academy of Sciences）科研人员领导的一个科学小组评估了联合国可持续发展目标14（保护和可持续利用海洋与海洋资源促进可持续发展）与"爱知生物多样性目标"的进展情况。评估结果表明，签署国政府面临一些重大挑战，包括过度捕捞、海洋污染与海洋酸化，这些都放慢或影响了联合国可持续发展目标14的实现。海洋生态系统只有少部分受到强有力的保护，许多优先领域仍未得到保护。大多数签约国家没有按计划实现联合国可持续发展目标14，有些目标的设置只是为了给人一种虚假的保护意识，而这些目标必须重组并纳入适当的保护激励措施。

五、海洋生物研究

美国开展全球首次海洋病毒生态多样性调查研究。2019年4月25日，由美国俄勒冈州立大学主持的有史以来第一次全球海洋病毒生态多样性调查项目在《细胞》（*Cell*）杂志上发表了其研究成果，确定了近20万种海洋病毒物种（远远超过此前水域的海洋调查所知的15 000种），以及培养的微生物病毒可获得的约2000种基因组。该成果对于理解从进化到气候变化等问题有着重要意义，因为这有助于创造地球的新图景，并了解它如何受到生物之间相互作用的影响。研究表明，20万种病毒在整个海洋中被分成5个不同的生态区，考虑到海洋的流动性和许多海洋区域的复杂性，这令人意想不到。此外，尽管大型生物范例认为物种多样性在赤道附近最高，而在极地附近最低，但研究

---

① https://scripps.ucsd.edu/news/coastal-ecosystems-suffer-upriver-hydroelectric-dams [2019-03-13].

② https://www.nature.com/articles/s41598-019-44492-w [2019-05-29].

③ https://www.sciencedirect.com/science/article/pii/S2530064418301093?via%3Dihub [2019-01-03].

人员收集了大量的北极样本，与之前的海洋生物研究相比，在北冰洋发现了一个生物多样性热点。

热带太平洋发现"砷呼吸"微生物。2019年4月29日，美国华盛顿大学的一个研究小组发现①，在太平洋大片区域内的微生物能利用砷进行呼吸，这种新陈代谢方式是在该水域中的全新发现。研究小组分析了贫氧区海域的海水样本，缺氧环境迫使生命寻找其他的生存方法。通过对热带太平洋考察中采集的样本进行DNA分析，他们发现了两种利用砷呼吸的基因——针对氧化和还原两种形式的砷，在两种生物体内以不同形式往复循环。"砷呼吸"微生物可能占这些水域微生物总数的不到1%，这些微生物可能与在温泉和陆地上某些受污染的地方发现的"砷呼吸"微生物存在遥相关。

美国科学家发现世界上最大的海藻带。2019年7月5日，由南佛罗里达大学科学家利用卫星观测发现了世界上最大的大型海藻带——大西洋马尾藻带②。2018年超过2000万吨的马尾藻漂浮在海洋表面，从非洲西海岸延伸到墨西哥湾，其中一些对沿热带大西洋、加勒比海、墨西哥湾和佛罗里达州东海岸的海岸线造成严重破坏。研究人员认为，马尾藻的爆发是因为森林砍伐和化肥使用量的增加，导致海水化学成分的变化，创造了适合马尾藻繁殖的环境。科学家预测，马尾藻的爆发将成为一种季节性的新常态。

大西洋海洋保护区发现新的深海珊瑚物种。2019年4月9日，伍兹霍尔海洋研究所（Woods Hole Oceanographic Institution，WHOI）发表消息称③，与海洋探索OceanX项目组、康涅狄格大学（University of Connecticut，UConn）及美国国家航空航天局喷气推进实验室（Jet Propulsion Laboratory，JPL）联合实施的考察中，通过DNA分析，在距离美国东北部海岸100英里的东北峡谷和海山国家纪念碑（Seamounts National Monument）附近发现了两种新的深海珊瑚。通过DNA条形码技术对这些珊瑚样本测试发现，至少有两种珊瑚在遗传角度上为不同的物种，它们与目前世界上已知的DNA序列存储库中所有物种都没有足够的基因相似性。

美国科学家首次发现以甲烷为食的深海螃蟹。2019年2月19日，一项由美国国家科学基金会（National Science Foundation，NSF）支持、由俄勒冈州立大学（Oregon State University，OSU）与加拿大维多利亚大学（University of Victoria，UV）合作完成的研究④发现，在不列颠哥伦比亚省附近海底的甲烷渗漏处存在大规模以甲烷为食的螃蟹，这是首次发现利用这种能源为食的物种之一。这一发现实际上可能意味着甲烷渗漏可以为一些海底栖息物种提供一个对抗气候变化的重要屏障。该发现对收集深海动物标本具有重要价值，也可以更好地了解各物种应对海洋环境的长期变化。

全球变暖下的海洋冷血动物比陆地冷血动物更脆弱。2019年4月24日，《自然》（Nature）发表题为《海洋冷血动物比陆地冷血动物更容易受到气候变化的影响》的文章⑤指出，在全球变暖的影响下，海洋动物栖息地的丧失日益严重，已经达到陆地动物的两倍。由美国罗格斯大学科研人员领导的国际研究团队比较了陆地和海洋不同纬度地区生物多样性受气候变暖影响的脆弱性。研究结果表明，海洋冷血动物没有能力适应不断上升的海水温度。一些海洋生物在热安全系数到达10 ℃之前就已经灭绝，气候变暖造成的"局部灭绝"已经发生，超过一半的海洋物种从其历史栖息地消失。

---

① https://www.pnas.org/content/early/2019/04/25/1818349116 [2019-05-14].
② https://www.marine.usf.edu/news-and-events/scientists-discover-the-biggest-seaweed-bloom-in-the-world/ [2019-07-04].
③ https://www.whoi.edu/press-room/news-release/new-species-of-deep-sea-corals-discovered-in-atlantic-marine-monument/ [2019-04-09].
④ https://www.frontiersin.org/articles/10.3389/fmars.2019.00043/full [2019-02-19].
⑤ https://www.nature.com/articles/s41586-019-1132-4 [2019-04-24].

六、极地海洋研究

南极洲海洋钻探考察揭示冰盖流失严重地区的气候历史。2019年2月1日，NSF介绍了其重点资助的阿蒙森海（Amundsen Sea）国际海洋钻探取得的科考进展[①]。2019年1月18日，由休斯敦大学和阿尔弗雷德·韦格纳极地与海洋研究所（AWI）的研究人员领导的国际大洋发现计划远征379离开智利蓬塔阿雷纳斯（Punta Arenas），乘坐科学钻探船"JOIDES Resolution号"，开始了为期两个月的南极之旅。此次科考是首次抵达阿蒙森海，联合科考团队由全球25家大学和科学研究单位组成。南极附近的阿蒙森海西部冰盖可能在未来海平面上升中发挥关键作用，但许多问题仍未得到解答。这支探险队正在研究冰盖数百万年的历史演变轨迹，揭露历史时期海水和空气温度之间的相互作用，以及对冰层增加或减少的影响因素及程度。到目前为止，南极西部冰盖遭受的冰损失呈最大化趋势。

24%的西南极洲冰盖处于不稳定状态。2019年5月16日，来自英国利兹大学（University of Leeds，UL）和伦敦大学学院（University College London，UCL）等机构的研究人员发表题为《南极冰盖海拔和质量趋势》[②]的文章指出，通过结合欧洲遥感卫星ERS-1和ERS-2、欧洲测冰卫星CryoSat-2及欧洲环境卫星Envisat 25年的卫星雷达高度观测资料和区域气候模型，区分冰和雪对南极洲海拔变化的贡献并解释其波动信号。结果表明，1992～2017年，24%的西南极洲冰盖处于不稳定状态，南极洲冰盖变薄多达122米，其中最快的变化发生在西南极洲，海洋融化引发了冰川的不平衡。据估计，东南极洲和西南极洲对海平面的贡献分别为（−1.1±0.4）毫米和（+5.7±0.8）毫米，总共导致全球海平面上升了（±4.6±1.2）毫米。

南极冰的不稳定性增加海平面上升预测的不确定性。2019年7月11日，《美国国家科学院院刊》（PNAS）发表题为《海洋冰盖的不稳定性放大并扭曲了未来海平面上升预测的不确定性》的文章[③]，利用统计物理中的随机扰动理论，从数学上证明了海洋冰盖的崩塌放大了未来海平面上升的可能情景范围。使用最先进的思韦茨冰川冰盖模型进行了大规模的综合模拟，结果表明，在海平面上升的预测中，与内部气候变率有关的不确定性可能是思韦茨冰川预计的总损失冰量的很大一部分。在对未来海平面上升的预测中，南极冰盖崩溃的可能性仍然是最大的单一不确定性来源。这种不确定性来自对冰盖过程和气候作用的内部变异性的不完全理解。

南极半岛西部海域二氧化碳吸收量大幅增加。2019年8月26日，美国罗格斯大学主导的一项研究表明[④]，气候变化正在改变南极半岛以西的南大洋吸收二氧化碳的能力，从长远来看，这可能会加剧气候变化。这项研究前所未有地利用了南大洋25年来的海洋测量数据，研究表明，南极半岛西部地表水对二氧化碳的吸收与上层海洋的稳定性及藻类的数量和种类有关。1993～2017年，南极半岛西部海冰动态的变化使上层海洋得以稳定，藻类浓度增加，藻类物种的组合发生了变化。这导致夏季二氧化碳吸收增加了近5倍。该研究还发现二氧化碳吸收趋势存在强烈的南北差异。迄今为止，南极半岛南部受气候变化影响较小，但二氧化碳吸收量增幅最大。科学家们推测，随着海冰持续减少，南极半岛西部海域的海洋稳定性在未来几十年可能会下降。一旦海冰达到一个极低的水平，就没有足够的海冰来阻止风驱动的上层海洋混合，或者提供足够数量的稳定融水。从长远看，

① https://www.nsf.gov/news/news_summ.jsp?cntn_id=297558&org=NSF&from=news [2019-02-01].
② https://agupubs.onlinelibrary.wiley.com/doi/abs/10.1029/2019GL082182 [2019-05-16].
③ https://www.pnas.org/content/early/2019/07/02/1904822116 [2019-07-23].
④ https://www.rutgers.edu/news/study-finds-big-increase-ocean-carbon-dioxide-absorption-along-west-antarctic-peninsula [2019-08-25].

这可能会降低南大洋对二氧化碳的吸收，可能会导致更多的温室气体留在大气中，从而导致全球变暖。

北极监测评估计划报告指出北极海冰更加脆弱。2019年5月6日，北极监测与评估计划（AMAP）发布题为《2019年北极监测评估计划气候变化更新：对2017年北极雪、水、冰和多年冻土关键发现的更新》[①]的报告指出，北极地区持续迅速变暖，导致了该地区正在发生的许多变化，包括海冰和冰川覆盖的损失及陆地和海洋生态系统的变化，将影响北极社区与经济。关键结论包括以下几点。①北极海冰更加脆弱。2015～2018年，北极冬季海冰最高值处于历史最低水平，卫星记录中最低的12个海冰范围最低值都发生在过去12年。9月北极海冰体积自1979年以来下降了75%。海冰从大多数冰层很厚的多年海冰转变为更年轻和更薄的季节性海冰。如果全球升温幅度稳定在1.5℃，那么北极夏季无冰发生的概率大约为2%；如果稳定在2℃，概率将上升至19%～34%。②海洋环境正在受到气候变化影响。海冰的消失引发了海洋藻类暴发，对包括磷虾、鱼类、鸟类和海洋哺乳动物在内的整个食物网产生潜在影响。由于2017～2018年海冰面积创历史新低，2018年白令海地区的初级生产力比正常水平高500%。海洋酸化也可能会影响海洋生态系统。由于海水增暖而向北移动，一些海洋鱼类的栖息地范围正在发生变化。过去15年内，楚科奇海和波弗特海发现了20个新物种和59处物种栖息地分布范围的变化。③以格陵兰岛冰盖为代表的北极冰川是全球海平面上升的最大陆地冰贡献者。北极贡献了1850～2000年全球海平面上升总量的48%（10厘米），占1992～2017年海平面上升总量的30%。格陵兰冰盖的损失预计将在未来几十年内进一步加速。

美国研究人员提出预测北极海冰范围演变的新方法。2019年7月11日，美国威斯康星学院大学（University of Wisconsin Colleges，UWC）的科研人员在题为《北极海冰动力不稳定性研究》的文章[②]中提出了一个分位数自回归模型，包括季节性、二氧化碳浓度、动力学和北极海冰范围随机分布之间的相互作用。利用该模型，研究人员发现大气二氧化碳对冰分布的负作用在冰分布的上尾端更强，可使用该模型来预测替代二氧化碳浓度情景下北极海冰范围的演变。该分析为研究海冰的动力稳定性提供了新的有用信息。

美国研究表明未来格陵兰岛将没有冰。2019年6月26日，由NSF资助，阿拉斯加大学费尔班克斯分校地球物理研究所（University of Alaska Fairbanks Geophysical Institute，UAFGI）的研究人员在《科学进展》刊文[③]指出，如果温室气体按照当前排放模式继续发展，到3000年时格陵兰岛上将不再结冰。研究人员构建了出口冰川、冰盖与不确定性因素的综合集成模型，模拟未来格陵兰岛的冰川积量的变化。结果显示，到2100年，格陵兰岛附近的海平面将上升5～33厘米。出口冰川流出的积雪消融量将达到总冰川量的8%～45%。气候变化将是冰川消融的主要原因，冰川崩解等不确定因素将是次要原因。到3000年，如果温室气体按照当前排放模式继续发展，格陵兰岛将不再结冰，旧金山、洛杉矶、新奥尔良和其他沿海城市的大部分地区将被淹没。

北极海冰消融将使全球变暖提前25年。2019年6月20日，美国加利福尼亚大学圣地亚哥分校斯克里普斯海洋研究所（SIO）的研究人员在《地球物理研究快报》（*Geophysical Research Letters*）上刊文[④]指出，失去北极海冰的反射能力将导致相当于1万亿吨二氧化碳排放造成的变暖，并使全球气温升高2℃的阈值提前25年到来。研究人员利用直接卫星观测来评估潜在的无冰北冰洋的影响，

① https://www.amap.no/documents/doc/AMAP-Climate-Change-Update-2019/1761 [2019-05-06].
② https://www.nature.com/articles/s41612-019-0080-x [2019-07-11].
③ https://www.nsf.gov/discoveries/disc_summ.jsp?cntn_id=298790 &org=NSF&from=news [2019-06-26].
④ https://scripps.ucsd.edu/news/research-highlight-loss-arctics-reflective-sea-ice-will-advance-global-warming-25-years [2019-07-22].

结果表明，在全球范围内，海冰流失将以0.7瓦每平方米的速率为地球系统增加热量，其中1979年和2016年的速度为0.21瓦每平方米。由于北极融化而进入地球系统的额外热量相当于使二氧化碳浓度从400ppm[①]增加到456.7ppm。

七、海洋新技术研发与应用

机器人可能彻底改变海洋环境监测方式。2019年6月10日，NOC科学家发布了一份关于海洋机器人如何监测石油和天然气设施退役环境的前瞻性综述研究报告[②]，展示了如何使用现有的传感器和自主平台来评估退役监测过程中遇到的所有海洋环境类型。自主系统已经在逐步改变海洋调查研究的方式，该系统对大面积海洋环境的高分辨率信息的收集比以前更快、更频繁，且成本一直在下降。

英国研发"早期预警"系统监测有害藻华。2019年1月14日，NOC发布消息称[③]，NOC的科学家正在开发一种新型传感器和相关的分析技术，用于监测和分类可能导致有害藻华（HABs）的浮游植物。项目为期两年，由英国研究与创新中心（UKRI）资助。浮游植物形态和光学特性传感器（PhytoMOPS）装置将通过检测HABs的存在来监测藻类浮游植物物种的动态变化过程，以帮助提高原料的生产率和可用性。该装置通过提供低成本和高分辨率的独立数据来解决现有监测技术的不足，并作为一个早期预警系统，使监管机构和法定机构能够迅速做出明智的决策并更有效地利用其资源。PhytoMOPS将会对水产养殖业的财政和消费者的信任产生积极的作用，也将持续推动经济的发展。

新型海洋机器人通过视觉和听觉对浮游生物成像。2019年1月2日，美国加利福尼亚大学圣地亚哥分校斯克里普斯海洋研究所（SIO）发布消息称[④]，斯克里普斯海洋研究所开发的新型机器人能够在海底滑行时对周围的浮游生物直接成像。新型滑翔机名为Zooglider™，被搭载在鱼雷形状的滑翔机Spray平台，可以获取水面下5厘米至400米或更深深度下的浮游生物图像。Zooglider™可以帮助海洋生物学家观察浮游生物在其栖息地的生活状态及周围空间环境中的其他信息，以更高精度获取特定区域内微生物数量的数据，进而研究海洋生物与其生存环境之间的物理和化学作用及所受影响。

英国研究人员利用自主水下航行器监测海洋保护区。2019年5月13日，NOC发表消息称[⑤]，通过自主水下航行器（AUV）进行海底生物调查，可以满足日益增长的监测海洋保护区（MPAs）内不同栖息地生物多样性的需求。有效获取生态数据是基础生物研究、监测生物多样性变化和制定有效养护方案的关键。NOC的研究人员分析了自主水下航行器Autosub6000于2012年在凯尔特海（Celtic Sea）大哈格弗莱斯（Greater Haig Fras）海洋保护区拍摄的海底图像，对7个群落生境进行了区分，检测统计层面上的物种现存量、物种密度、物种多样性和动物群组成的显著变化，并为每个栖息地确定了重要的指示物种。调查结果表明，Autosub6000能够获得精确的导航和高分辨率的图像数据，这对海底生态研究和实际的海洋保护计划至关重要。

德国研究人员提出追踪海上漂浮目标的新策略。2019年4月17日，德国基尔亥姆霍兹海洋研究

---

① 1ppm=10⁻⁵，下同。
② http://noc.ac.uk/news/robots-may-revolutionise-marine-environmental-monitoring [2019-03-12].
③ http://noc.ac.uk/news/noc-scientists-develop-early-warning-system-detecting-harmful-algal-blooms [2019-01-14].
④ https://scripps.ucsd.edu/news/new-robot-can-sense-plankton-optically-and-acoustically-0 [2019-01-02].
⑤ https://onlinelibrary.wiley.com/doi/full/10.1111/cobi.13312 [2019-03-11].

中心（Helmholtz Centre for Ocean Research Kiel，GEOMAR）的一项研究[①]指出，通过对海上MH370飞机残骸漂移的轨迹分析，推测出了飞机最可能的坠毁地点信息，并基于此，提出了未来此类跨学科工作的优化策略，旨在为未来海洋目标或有机体漂移的准实时应用制定策略。研究人员表示，除了表层洋流和风之外，由于表面波而引起漂浮物体产生移动的"斯托克斯"漂移对于海洋表面物体的漂移也至关重要。最新研究证明，"斯托克斯"漂移在海上目标分析中比以前的假设更重要，研究表面漂移的任何情形，都应该包括"斯托克斯"漂移，以得到更精确的追踪结果。

英国科学家提出卫星探测海洋塑料分布热点的新方法。2019年4月25日，英国普利茅斯海洋实验室（PML）的科研人员最新研究成果[②]指出，他们正在使用地球观测卫星来探测海洋垃圾分布热点，这种新的方法可以区分海洋塑料等漂浮物的自然源和人为源。由于漂浮物沿着河流羽流、锋面或漩涡往往被组合成小块，因此漂浮的海藻和碎片也可以被这些卫星探测到。研究人员开发了一个漂浮碎片指数，然后在马尾藻和漂浮塑料目标物的斑块上进行测试，并建立一个参考模型，该技术已被应用到几个沿海地区。

美国研究人员利用无电池传感器进行水下探测。2019年8月20日，麻省理工学院研究人员利用一个近零功率传输传感器的无电池水下通信系统[③]，可监测海洋温度，长期跟踪海洋生物。该系统利用了两种关键效应，其中一种被称为压电效应，当某些材料的振动产生电荷时就会产生这种效应；另一种是反向散射，这是一种常用于RFID标签的通信技术，是通过将调制后的无线信号从标签反射回阅读器来传输数据。该系统能够在传感器和接收器之间相距10米时，同时从两个传感器传输3000比特每秒的精确数据。

英国海洋科学家提出自动化高频验潮仪数据质量控制方法。2019年4月12日，英国国家海洋学中心的科学家为高频潮汐测量数据提出了一种新的自动化质量控制过程[④]。作为英联邦海洋经济（CME）计划的一部分，科学家开发了一套Matlab软件包，用于对国际海洋委员会提供的潮汐测量数据进行质量控制。这一过程可以大大改善科学家研究海平面变化的高频数据，如风浪和海啸。

第三节　未来发展态势

根据当前热点研究方向和海洋科技研究战略规划的未来布局，综合判断未来海洋科学研究将呈现以下态势。

（1）气候变化背景下极地冰冻圈、海洋及其相互作用研究日益受到关注。研究重点包括[⑤]：影响极地的大气和海洋环流变化；格陵兰岛和南极冰原和冰架、北极和南极冰川的质量变化、动力不稳定性，以及对海洋环流、生物地球化学和海平面的影响；不断变化的积雪、淡水冰和融化的多年冻土碳通量与气候反馈、对基础设施和生态系统的影响；海冰变化对海洋、大气环流和气候的影响，对生态系统、沿海社区、交通和工业的影响；变化的极地海洋对酸化、碳吸收和释放的影响。

（2）海洋塑料垃圾引起的海洋环境污染问题需要全球解决方案。全球范围内海洋塑料垃圾污染的增加，应通过国际科学家之间跨学科跨地域的合作，对各种与塑料垃圾有关的主题进行研究，

---

① https://www.sciencedaily.com/releases/2019/04/190417102731.htm [2019-04-17].
② https://www.pml.ac.uk/News_and_media/News/Identifying_plastic_hotspots_from_space [2019-04-25].
③ http://news.mit.edu/2019/battery-free-sensor-underwater-exploration-0820?tdsourcetag=s_pcqq_aiomsg [2019-08-20].
④ http://noc.ac.uk/news/new-automated-quality-control-method-historic-tide-gauge-data [2019-04-12].
⑤ https://reliefweb.int/report/world/ocean-and-cryosphere-changing-climate-enarruzh [2019-09-25].

需要进一步研究塑料垃圾的来源和流动途径，以及塑料垃圾进入海洋后的分布情况和预测未来塑料垃圾的数量，特别需要加强对海洋生态系统的影响和减轻对海洋有害影响方法的研究。在国家、城市和地方各级建立再利用、再循环和节能做法是解决塑料废弃物污染的关键方法。

（3）自主观测系统正在逐渐改变海洋监测方式。通过水下自主航行器拍摄海底栖息地图像、海洋机器人监测油气开采设施对海洋环境的影响、自主式水下潜器观察海底生物活动等的应用，自主观测系统正在实现对海洋更大范围、更高精度、更快速和更频繁地监测。

（4）海洋暮光区保护不容忽视。作为海洋中层区域的海洋暮光区在以往的海洋研究讨论中往往被忽视，而关于该区域蕴含的丰富生物资源和重要的物质循环作用仍缺乏可靠的科学信息。随着人为活动范围及其影响逐步扩展到暮光区，对该区域进行监管和保护的需求也愈加迫切。国际社会需要关注暮光区在支持海洋食物网和调节全球气候方面的重要作用。

第八章　青岛海洋科学与技术试点国家实验室专题分析

2019年是中华人民共和国成立70周年，也是深入贯彻落实习近平总书记视察青岛海洋科学与技术试点国家实验室（以下简称海洋试点国家实验室）重要指示精神，围绕海洋科技、海洋经济主攻方向，发力关键技术自主研发，高标准建设海洋试点国家实验室全面起势的一年。一年以来，海洋试点国家实验室以习近平新时代中国特色社会主义思想为指导，深入学习贯彻党的十九大和十九届二中、三中、四中全会精神，在科学技术部等国家部委、山东省、青岛市的指导和支持下，坚持稳中求进工作总基调，奋力引人才、抓项目、搭平台、建网络、提效能、优环境，开拓创新，埋头苦干，基本实现试点期任务目标，推动实验室各项工作再上新台阶。

本章主要从海洋试点国家实验室重大战略任务实施进展、重大科研平台建设、创新团队建设、国内外合作与学术交流、服务蓝色经济发展5个方面进行介绍。

第一节　重大战略任务实施进展

一、"透明海洋"大科学计划

"透明海洋"大科学计划是指集成和发展现代观测与探测技术，面向全球大洋和特定海区，以立体化、网络化、智能化、实时化为核心，构建"海洋物联网"技术体系，实时或准实时获取全海深、高时空分辨率的海洋综合环境与目标信息，并在此基础上，预测未来特定时间内海洋环境变化，实现海洋的状态透明、过程透明、变化透明、目标透明，为国家海洋科技事业、经济社会发展、权益维护等提供全面精准的海洋信息技术支撑与服务。

近年来，在科学技术部等国家部委及山东省、青岛市的大力支持下，"透明海洋"科学计划稳步推进，观测体系由浅入深、观测网络由局域到海盆、数据传输由自容存储到实时通信，自主预测模式持续创新，有力支撑了海洋多圈层能量与物质循环过程及多运动形态相互作用机理认知，提升了海洋环境安全保障能力。

1. "两洋一海"深海实时观测能力实现跨越式发展

2019年，我国突破了深海实时潜标系列关键技术，解决了深海潜标观测高频采样、数据实时传输的这一瓶颈问题，并成功研发面向全球海洋热带及中高纬度海区系列大型浮标观测系统，完成在"两洋一海"关键区域的潜标大规模实时化升级，以深海大浮标和潜标为主体的全球最大的区域海洋定点观测网——"两洋一海"观测网进入实时化时代，有力提升了"两洋一海"高分辨率海-气耦合预测能力与水平。迄今，实验室在"两洋一海"关键海域已布放回收超过500套深海浮、潜标观测系统，目前有108套深海浮、潜标在位稳定运行，其中深海潜标观测系统100套（含25套深海实时潜标），大型观测浮标系统达到8套。

南海北部多尺度动力环境实时观测实现跨越式发展。在前期实时潜标研发的基础上，突破了高可靠通信缆、北斗大通量实时传输等关键技术，成功研发了基于北斗通信系统的海洋动力环境实时潜标。针对南海潜标观测网中内孤立波、中尺度涡等过程的观测，完成8套实时潜标布放工作，实现了上述海域海流剖面及温深等水文动力环境要素的准实时观测，显著提升了"两洋一海"立体观测系统的实时化观测能力。深海实时潜标系列关键技术的突破，高可靠性的海洋动力环境实时观测潜标的自主研发，解决了我国长期海洋环境信息获取的技术瓶颈。

黑潮延伸体实时观测系统初步构建完成。西北太平洋黑潮延伸体海区是全球海洋和大气动力过程最活跃的区域，也是海洋观测数据最为匮乏的区域之一，受海区复杂海洋环境和恶劣天气条件的影响，直到2018年只有美国在此海域维持着1套大型浮标观测系统。针对浮标观测系统搭建的诸多技术难题，实验室研发人员实现了一系列的技术突破，自主研发的大型浮标成功布放在海况更为恶劣的黑潮延伸体主轴及北侧区域。至此，黑潮延伸体实时观测系统基本构建完成，全球首个大洋多尺度海洋实时观测系统雏形初现。黑潮延伸体实时观测系统的构建为科学家研究黑潮延伸体海区多尺度海洋动力过程和海气相互作用提供了重要观测支撑。

西太平洋实时科学观测网实现整体实时化升级。顺利解决了融合感应耦合和声学通信技术，首次实现了深海6000米全水深数据的实时传输，不断刷新"两洋一海"观测网获取深海数据的最长时间记录。此外，实现了深海大容量数据基于我国北斗卫星的实时传输，确保了数据传输的安全可靠。通过此类技术创新，西太平洋实时科学观测网具备深海数据实时传输功能的潜标套数、设备深度、设备密度逐步增加，系统运行的稳定性和长期性大幅度提高，西太平洋实时科学观测网总体技术指标已达到国际先进水平，部分关键技术是国际首次实现。

自主研发的"白龙"浮标扎根印度洋。在印度洋关键海域，依托我国自主研制的"白龙"浮标技术，实现深水大洋水下感应耦合传输，发展新一代高国产化率的深海气候观测浮标系统，在大于4000米海域实现海面气象、海气通量和水下0～700米的温度、盐度、海流剖面测量数据的实时、无缝传输。围绕国家"一带一路"倡议，分别和澳大利亚、印度尼西亚、马来西亚、泰国和肯尼亚等国家开展合作，在印度洋布放了"白龙"系列浮标，深度参与全球海洋观测，大大提高了我国的国际影响力。

我国最大规模流速压力-逆式回声测量仪（CPIES）阵列观测取得圆满成功。2019年，40台CPIES顺利回收，吕宋海峡及其周边海域CPIES阵列观测圆满完成任务。成功布放及回收了我国规模最大、世界规模第三大的CPIES阵列，最终实现了40个站位CPIES近400天的长时间连续观测，有效促进了吕宋海峡周边海域中尺度涡的三维结构及其演变过程的研究，对于认识黑潮与南海水交换及中尺度涡与黑潮相互作用等科学问题具有重要意义。

2. 多尺度海洋运动及海气相互作用影响研究取得新认识

综合利用卫星高度计、水色计及表面漂流浮标，定量揭示了锋生过程是中尺度涡边缘的亚中尺度运动发展的有效机制并导致叶绿素的显著增加；发现了海洋涡旋斜压能量转换在水平波数空间内的双向交换过程，改变了对于经典斜压不稳定理论的认识；揭示了涡旋大气相互作用可以通过耗散涡旋热能引起涡旋垂向输送减弱来调控大尺度海表温度；基于南海北部博贺和东海东瓯两个海上观测平台，获取海气通量及海浪的时空同步高频观测资料，系统揭示了波浪在海洋与气候中的关键作用，已应用于自主海洋与气候数值模式的研发。

热带多尺度跨海盆海-气相互作用。系统提出了热带太平洋-印度洋-大西洋海气系统相互作用的动力学框架，阐明了厄尔尼诺与南方涛动（ENSO）跨海盆相互作用的未来变化；揭示了西太平洋热带气旋累积效应对厄尔尼诺暖流强度的重要影响，从跨时间尺度的角度建立了ENSO发展的新机制；指出全球变暖导致太平洋年代际震荡可预测时间上限和空间强度减小；认识到西太平洋年代际-多年代际变化受大西洋多年代际变化的控制，且在全球变暖下该跨海盆作用会更加紧密。

3. "两洋一海"高分辨率海气耦合延伸期预报体系实现常态化运行

"两洋一海"高分辨率耦合延伸期预测系统2019年常态化运行，持续全年每日发布未来15天的海洋、大气环境预测数据，包括大气风场、降水、海雾、极端天气事件，以及海洋流场、温盐、中尺度涡等。常态化系统预测分辨率大气27千米、海洋9千米。"两洋一海"耦合预报系统的初始化由全自主研发的耦合数据同化系统完成，以传统的全球电信系统（GTS）大气观测、海表卫星观测和Argo浮标资料为主，2019年新加入国产无人组网观测体系下的水下滑翔机、C-ARGO和实时潜浮标阵列数据，达到了较好的海气一体化协调平衡初始化预测效果。2019年底，"两洋一海"耦合预报系统中的验证性超高分辨率大气9千米、海洋3千米成员已经初步完成了向国产神威超算平台的移植。

4. 发展了新一代地球系统模式FIO-ESM v2.0

在地球系统模式FIO-ESM v1.0的基础上，通过升级分量模式版本、改进与海浪相关的海气通量物理过程和提高分辨率等途径，发展了新一代的地球系统模式FIO-ESM v2.0，并参加了第六次国际耦合模式比较计划（CMIP6），对工业革命以来全球平均表层气温和海表温度的模拟能力居于前列（综合排名第二）。相比传统的地球系统模式，该模式通过耦合MASNUM海浪数值模式，引入了海浪对地球气候系统的影响，包含了浪致混合、海浪飞沫对热通量的作用和斯托克斯漂移对海气通量的作用等特色物理过程；通过引入参数化方案来模拟海表温度的日变化及其影响，实现了自主地球系统模式的持续创新发展。

二、蓝色开发计划

蓝色开发计划围绕国家海洋经济高质量发展和生态文明建设重大战略需求，在蓝色解码、蓝色药库、蓝色蛋白、健康海洋等方面集中优势力量组织科技攻关，发展近海资源环境养护、海洋组学、海洋生物高效利用的科学理论和前沿技术；突破海洋药物创制关键技术，支撑海洋战略新兴产业发展；创新陆海统筹的海洋生态安全保障和生态灾害防治技术体系，支撑国家海洋生态文明建设和沿海地区可持续发展。

2019年，深海极端生命过程研究取得新认识，发现烷烃可能是深渊微生物的重要"燃料"；"蓝色药库"开发稳步推进，完成已知170个药物靶点与35 000个海洋化合物的全部对接；"蓝色种业"开发取得重要进展，破译了多种海水养殖动物基因组，4个新品种通过农业农村部水产新品种审定；"健康海洋"成效显著，探明了我国陆架海区生源要素迁移转化关键过程及控制因素，引领国际赤潮灾害防治技术发展，为全球海洋赤潮治理提供中国方案。

1. 深海暗生命能量过程取得新认知

在深渊化能异养生态系统中，张晓华教授研究团队发现烷烃降解菌是马里亚纳海沟底部水体中的最优势微生物类群。该降解菌能在低温高压条件下有效降解烷烃。该研究指出烷烃可能是万米水体微生物的重要"燃料"，成果发表在*Microbiome*。在热液冷泉化能自养生态系统，发现大型生物代表——深海偏顶蛤通过调控受体蛋白BpLRR-1、免疫及溶酶体相关基因的表达，实现与共生菌——甲烷氧化菌的体外识别与互惠调控，深海偏顶蛤-甲烷氧化菌共生体系呈现显著的环境依赖性，丰富了对深海化能共生识别机制的认知，在国际上产生了广泛影响。

2. 蓝色基因解析研究与蓝色种业开发协同推进

成功破译对虾全基因组并解析其底栖适应和蜕皮分子调控机制，为对虾基因组育种和分子改良及甲壳动物底栖适应和蜕皮研究等提供了重要的理论基础和数据支撑，相关成果发表在*Nature Communications*。绘制了鞍带石斑鱼、许氏平鲉染色体水平的基因组图谱，解析了鞍带石斑鱼先天性免疫和快速生长的基因组学机制，为研究石斑鱼类生长与抗病等经济性状的分子机制奠定了基础。从细胞和分子水平上证实了许氏平鲉胚胎发育过程中的营养供应模式，其卵胎生繁殖方式是胎生进化的一种过渡类型，为研究动物卵胎生和胎生生殖模式的进化提供了参考。相关成果发表在*Molecular Ecology Resources*。为解析对虾、石斑鱼科和鲉科鱼类生长、抗病等重要经济性状的分子机制奠定了重要基础；同时也为良种选育技术发展提供了有价值的基因资源，对推动相关产业的可持续发展有重要意义。

三疣梭子蟹"黄选2号"、长牡蛎"海大3号"、罗非鱼"壮罗1号"和"云龙石斑鱼"4个水产新品种通过全国水产原种和良种审定委员会审定，占同期入选新品种的1/3，助推"蓝色种业"高质量发展。

3. 海洋药物先导化合物发现、合成和靶向作用研究取得新突破

攻克了海洋天然药物微量活性成分难发现、不易评价等难题，获得了一批具有新颖结构和独特生物活性的海洋天然产物。发展了过渡金属催化的不对称串联环化反应、重排反应、电化学氧化去芳构化反应及化学酶法合成新技术，实现了海洋小分子Insulicolide A、Penicimutanin A等的化学全

合成和具有抗凝活性的鲨鱼硫酸软骨素模拟物的高效获取，构建了复杂海洋天然产物Aspergiolides和Cyanthiwigins家族化合物核心骨架，合成了系列活性海洋多肽及罕见的左螺旋 DNA；基于新颖的海洋活性先导化合物PEN-A，首次发现HSP90 C端非ATP区的半胱氨酸位点可以成为分子靶向的作用位点，为抗肿瘤创新药物的研发提供了新的潜在靶标。

设计并合成了一系列全新的苯并氧杂环庚烷衍生物，并进行了抗炎活性研究。首次发现具有治疗缺血性中风等炎症相关疾病的先导化合物10i，发现PKM2可以作为神经炎症及其相关脑疾病新靶点，并阐明10i通过PKM2靶点蛋白来抑制糖酵解的抗神经炎症机理，为治疗缺血性脑中风相关疾病的海洋药物开发提供了新思路。相关成果发表在*Angewandte Chemie-International Edition*。

4. 健康海洋基础理论研究与技术推广应用成效显著

渤黄东海生源要素的生物地球化学关键过程研究获得重要进展。通过系统综合海洋调查-模拟实验-室内综合分析，揭示了渤黄东海生源要素的迁移转化在其海洋生态环境变化中起关键作用，提出并发现海洋沉积物/颗粒物在海洋生态灾害发生、消亡过程中有重要的生态学功能，探明了渤黄东海区域碳源汇过程及控制因素，获得了系列创新性的认识，其重要标志是130万字《渤黄东海生源要素的生物地球化学》的出版发行。

赤潮治理技术推广应用成效显著。揭示了改性黏土治理赤潮的生物学机制，发现了改性黏土方法不仅可以通过絮凝沉降方法快速控制赤潮，而且可以诱导赤潮生物发生程序性死亡，抑制赤潮生物的繁殖和生长。该研究进一步完善了改性黏土治理赤潮的作用机制，为赤潮治理方法的进一步开发提供了重要参考。改性黏土治理赤潮技术的国际影响日益扩大，继走进美国、智利等国家之后，于2019年出口秘鲁。针对秘鲁近海养殖遭受赤潮危害的现状，进行了现场示范，签署了多份合作协议，在当地产生了重要影响，进一步彰显了我国赤潮治理技术的国际引领地位。以改性黏土技术为核心的"近海赤潮灾害应急处置关键技术与方法"荣获2019年度国家技术发明奖二等奖。

三、海底发现计划

海底发现计划以揭示海底关键地质过程和演化规律，支撑海底战略性矿产资源和能源开发利用，助力国家资源能源安全为目标，围绕海洋地质过程与资源环境效应、海洋矿产资源探测与评价技术等方面，开展海洋沉积与物质输运、深海海盆演化与洋底构造、大洋钻探与深时全球变化、海底油气与水合物成藏及勘探、洋底金属与稀土成矿机理及评价等方面的协同创新和技术攻关。

2019年海底发现计划的实施，深化了对亚洲大陆边缘源-汇过程、西太平洋-亚洲边缘海海盆演化的认识，在天然气水合物、稀土等海洋矿产资源勘查开发方面取得重大突破，阐明了天然气水合物微观渗流机理并构建了试采调控技术体系，揭示了深海稀土分布规律与成矿机制。

1. 深海稀土矿产资源评价和形成机制研究取得新发现

在太平洋和印度洋划分出了4个富稀土成矿带，初步阐明了深海稀土富集的地质条件、环境背景和分布规律，提出了"底流驱动-吸附富集"的深海稀土成矿假说。特别值得提出的是，首次在中印度洋海盆和东南太平洋发现了大面积富稀土沉积区，初步评估了全球深海稀土资源潜力，确认深海稀土资源量超过陆地稀土资源总量1000多倍。上述系统工作使中国在深海稀土研究领域进入国际前沿。

2. 南海水合物试采方案取得重要进展

提出了含孔隙中心或颗粒表面等分散型水合物砂样有效孔隙尺寸分形维数的理论计算模型，指出分散型水合物的微观赋存形式对其样品有效孔隙尺寸分形维数的演化过程影响不大，水合物饱和度是其主控因素。剖析了储层泥沙微观运移产出机制，基本阐明储层出砂微观机理、控砂方案优选和分支孔井筒内水平段、倾斜段的携砂与沉砂规律，提出了天然气水合物试采"出砂-控砂-携砂"一体化调控方案。研究成果获得广泛认可和应用，有效支撑了国家重大研究任务的实施。

3. 板块俯冲和全球性氧化事件研究取得新认识

通过分析全球35亿年以来形成岩浆岩的地球化学特征，指出板块俯冲样式从地球早期的间歇式俯冲转变为持续性俯冲会造成上地幔温度的快速降低，导致碱性玄武岩在全球范围的大量增加，进而通过统计学手段首次确定地质历史时期的持续性板块俯冲作用开始于21亿年前，成果发表于 *Nature Communications*；根据现代海水、蚀变洋壳具有极低的 Th/U 值的特点，指出弧岩浆岩中的低 Th/U 值特征归根结底是大气-海洋系统中的氧气所致，从而首次以全球弧岩浆岩的 Th/U 值的变化限定了地质历史时期两次全球性氧化事件的发生时间，成果发表于PNAS。

4. 西太平洋洋陆过渡带演化过程与深部动力研究取得新突破

围绕洋陆过渡带，首次系统揭示了东亚洋陆过渡带构造变形规律，提出华北与华南构造-岩浆差异的内因是深部过程，外因是东亚大汇聚的差异。通过对南海、东海海域的地震剖面和岩浆岩的地化分析，并借助古地貌重建，厘定了侏罗纪至白垩纪期间华南安第斯型陆缘弧后前陆盆地-陆缘岩浆弧-弧前盆地的完整结构，揭示了其向东的构造迁移和转换特征。系列成果发表在 *Earth-Science Reviews*。

应用多元数据融合、剥皮透视叠置等技术，开展中国海-西太平洋地质地球物理特征综合研究，完成了多层次、多比例尺的中国海区及邻近海域的地学系列图，将全中国海域地学图件的比例尺提高到目前的1：100万。该系列成果已被广泛应用，为国家海洋权益的维护、经济社会的发展等提供了不可或缺的基础资料。其中，"中国海-西太平洋地质地球物理特征综合研究与系列图编制"项目获2019年度海洋科学技术奖特等奖。

5. 亚洲大陆边缘沉积过程与深时全球变化研究取得新进展

初步建立了亚洲大陆边缘底质数据库，首次编制了该区1：350万沉积物类型图，使中国成为国际上唯一系统拥有这一广阔海区样品和资料的国家；丰富发展了亚洲大陆边缘沉积物"源-汇"理论体系，建立了有效的物源示踪指标体系和重点海域源汇过程和沉积模式，系列成果发表在 *Nature Communications*、*Journal of Geophysical Research: Solid Earth*、*Quaternary Science Reviews*、*Marine Geology*，部分成果获2019年海洋工程科学技术奖一等奖。

以南黄海CSDP-1站位长300米、底部年代350万年前的连续岩芯为材料，研究了其沉积物来源和黄海古环境演化历史，发现黄海在350万年前至80万年前的长达270万年时间主要是陆相盆地，从80万年前发生大规模海侵而成为黄海，同时黄河开始贯通注入南黄海。提出了构造作用是控制黄河、长江及其黄渤海沉积环境演化的一级因素，晚上新世以来青藏高原东北部的隆升及气候变化共同驱动了东亚大河水系演化及中国东部边缘海的构造沉降。该研究提升了对晚新生代以来构造和气候控制河流和边缘海演化的理解与认识，相关成果发表在 *Quaternary Science Reviews*。

四、海洋技术与装备

围绕海洋科学认知、气候变化、资源开发与权益维护等国家重大科学与应用需求，通过布局新型卫星遥感、水面及水下智能移动组网观测、海底观探测等立体层次的系列智能观探测核心技术装备及相关技术研究，构建面向全球海洋环境与目标感知的"海洋物联网"技术体系，并建立南海"海洋物联网"综合应用示范区。

2019年，在水下滑翔机和智能剖面观测浮标等水下移动平台的谱系化，以及海洋重力测量系统等海洋传感器研发方面取得了重要突破，部分装备初步实现了国产化、系列化，为突破"卡脖子"技术奠定了重要基础。

1. "观澜号"海洋科学卫星研制稳步推进

为抢占未来海洋三维高分遥感科技制高点、服务国家重大战略，实验室首次提出"观澜号"海洋科学卫星计划，将填补海洋亚中尺度动力过程成像高度计与上混合层海洋剖面激光雷达联合探测的国际空白，实现高分辨率海洋动力过程和海洋生命系统的一体化遥感观测，使海洋遥感实现从二维到三维剖面的突破。2019年，"观澜号"海洋科学卫星在3个方面取得了显著进展。一是设计指标国际领先。形成了卫星轨道、卫星平台、主/辅载荷配置及平台一体化设计的卫星工程总体方案，主要载荷设计指标国际领先。二是载荷数字样机系统国内领先、国际唯一。研制了干涉成像高度计和海洋激光雷达数字样机，初步建立了"遥感机理-仿真系统-指标论证-工作体制-反演算法-处理系统-精度验证"的一体化全链路正演和反演仿真系统。三是原理样机机载试验国内首次、国际先进。2019年，组织实施了Ka波段InSAR机载试验，初步验证了Ka波段干涉成像高度计的技术可行性和指标先进性。通过机载激光雷达剖面探测试验，首次验证了蓝光波长在海洋剖面探测中的技术可行性和应用潜力；机载单次探测最大深度达百米量级。

2. 无人移动观测平台研制取得新突破

大深度水下滑翔机实现长航时稳定观测能力。自主研发的4000米级"海燕-4000"水下滑翔机，无故障连续运行68天，观测剖面114个，最大滑翔速度0.682米每秒，连续航程达到1423千米，大于3000米水深的剖面100个，最大工作深度3419米（海域深度约3600米）。"海燕-4000"水下滑翔机突破了轻量化中性耐压壳体设计和精密制造、小型化高背压精准浮力调节、大深度变载荷耐压密封等系列技术瓶颈，已具备在4000米级深海连续工作上百个剖面、两个月以上时间的稳定运行能力，其成功海试使我国自主研发的水下滑翔机的观测能力直抵深渊。

"海燕-L"水下滑翔机连续剖面观测创造我国新纪录。我国自主研发的"海燕-L"长航程水下滑翔机设计航程3000千米，可长时续航大范围测量海水温度、盐度等参数，选配特定传感器可实现水质、海流和海洋背景噪声等环境参数，以及海洋微结构特征和特殊声源信息等观测探测功能，具有长航程、低噪声、高隐蔽性等特点。"海燕-L"在我国南海无故障连续运行154天，观测剖面1038个，再创国产水下滑翔机连续运行剖面数新纪录。

大洋4000米深海Argo浮标填补国内空白。自主研发的大洋4000米深海Argo浮标，采用"全速下潜+最大深度悬停"作业模式，具有剖面速度可控、任意深度悬停、超时超深检测等功能，功耗低，效率高，可靠性高。目前具备了水下4000米剖面稳定观测能力，居国内领先水平，填补了我国深海剖面浮标的空白。

面向全球深海大洋的智能浮标研制稳步推进。自主研发的面向全球深海大洋的智能浮标（Smart Float）突破了Argo浮标和水下滑翔机重心调节关键技术，研制了融合平移和旋转功能一体的大范围重心调节机构。国际上首次实现适用于全球机动组网观测的新型移动载体平台，该平台融合了Argo浮标与水下滑翔机两者功能，并实现了主、被动两种观测工作模式切换，有助于大幅度提升海洋观测能力。

无人机、无人艇研发取得新进展。中空长航时海洋大型无人机观测系统完成了总体设计，多载荷集成技术完成对海搜索成像一体化雷达、相机与轻小型SAR综合一体化载荷的集成及飞行验证。针对Ka卫通波束切换通信中断问题，完成了无中断通信技术方案和样机研制，并领先完成飞行平台试验。深远海高稳性测量型无人艇自主避障技术获得突破。研发了基于无人艇运动信息的雷达图像补偿算法，消除无人艇大机动下位置和航向角变化所引起的雷达图像变形；控制导航、环境感知和避碰等算法已经通过湖上和海上试验验证，航迹跟踪精度小于3米。

3. 多平台异构无人系统协调组网迈出关键一步

针对海洋观测网空间布局稀疏、时空分辨率不够等现状，完成了以水下滑翔机、波浪滑翔器、Argo浮标和潜标等海洋无人观测技术装备为核心的大规模无人系统协同组网的观测应用。无人系统观测网覆盖了海气界面至4200米水深范围的105万平方千米海区，对我国南海北部和中部及吕宋海峡等海域中尺度涡、台风等海洋现象进行多平台长期协作观测，实现了对我国南海特定区域的高时空分辨率水文气象信息多方位立体耦合观测，验证无人系统网络观测数据多信道传输能力，为初步构建实验室规划的"海洋物联网"体系提供了技术支撑。

截至2019年12月底，无人系统协同组网观测已完成74台/套观测设备布放作业，构建的观测系统已累计运行232天，获取观测剖面数据超过1.6万个，其中水下滑翔机共获取200米、1000米、3000米不同深度段剖面超过1.3万个，自持式剖面漂流浮标共获取剖面超过3300个，波浪滑翔器累积观测时间447天，入网的移动平台观测总航程超8.6万千米。此次无人系统组网任务的执行，在技术上首次实现了水面与水下、移动与固定的规模化无人装备协作和协同能力，验证了异构无人编队的运动规律和控制机理；首次实现了海上实时观测信息-岸基超算平台-科考船操控节点的双向通信功能，并回传实时观测或回岸数据用于模式同化，验证了模式精度的提升能力。在科学应用上完成了南海北部中尺度暖涡和越南东部冷暖涡对的精细化观测，进一步揭示出冷暖涡对的细致结构；完成了连续多个台风的协同现场观测，获取了台风影响下的海洋现场环境参数。

4. 海洋监测探测传感器研发取得长足进步

SAG-2M海洋重力测量系统稳定测量能力达到国际先进。SAG-2M捷联式海洋重力仪为我国首款产品化捷联式动基座重力测量装备，具有体积小、重量轻、动态精度高、环境适应性强、稳定性好等优点，可搭载无人机、无人船艇、水下测量平台等多种载体开展测量任务。目前，完成了第33次南极科考、北极科考、马里亚纳海沟科考测量等多项任务。累计执行海洋测量任务近70万海里[①]，全程工作稳定可靠，测量精度均优于1毫伽[②]，达到国际先进水平，对我国在重力测量技术领域突破制约、实现自主可控有重要意义。

水下电磁探测系统顺利完成深远海环境信息采集和探测全功能试验。自主研发的深远海水下电磁探测系统，首次在水下移动平台上实现最大2002米水深剖面的电磁场环境数据采集。电磁探测仪的成功研制不仅可实现对海洋环境背景电磁场的获取，还可实现对水下目标的测量及探测，为水下电磁场模拟、水下电磁通信、地磁匹配导航等领域提供重要的技术支撑，并带动相关领域的产品研发。

海洋环境系列多要素传感器关键技术自主研发实现突破。完成了国际首款二维湍流感传感器样机的研制；突破了低噪声采集技术和低功耗大存储技术，深海水听器研制进入大规模应用阶段；系列自主研发的生化传感器（二氧化碳传感器、生物声学传感器、全息显微传感器及激光偏振传感器）从实验室走向海试应用。

---

① 1海里=1.852千米。

② 1伽=1厘米每二次方秒。

第二节　重大科研平台建设

一、高性能科学计算与系统仿真平台

夯实现有计算资源基础，深化超算互联网建设，进一步提升GPU等异构计算性能及存储能力。目前，平台已汇集国家超级计算济南中心、国家超级计算无锡中心和海洋试点国家实验室超级计算中心资源，形成总计算能力达133.2P的跨地域异构超算系统，协同计算能力居全国首位、全球第二位。

围绕"透明海洋"、"蓝色开发"和"海底发现"等重大战略任务，开展从数据获取、计算分析到应用研发全链条的超算技术支撑服务，面向科研用户累计提供通用计算资源2.1亿核时、超算互联网资源约7亿核组时，支撑重大科研项目48个；全方位汇聚多源异构海洋大数据，探索实现海洋信息及数据的开放共享。瞄准国际海洋科技前沿，面向"海洋与宜居地球""创新药物与蓝色药库""固体地球与战略性资源"等8个重点研发方向，着力发展下一代众核超算集群，加快推进海洋产业与信息技术的深度融合。

二、深远海科学考察船共享平台

深远海科学考察船共享平台进一步壮大。新增"向阳红03"号、"嘉庚"号科考船和"深蓝"号远洋渔船，成员船数量增至27艘，总排水量接近9万吨。以机制创新面向全国构建设施共享体系初见成效，形成以青岛为核心、辐射全国的海上调查设施和资源共享体系，为我国海洋科考事业搭建公益性、基础性、战略性的支撑平台。

围绕"两洋一海"科学考察研究、重大海洋仪器设备研发任务及开放共享需求，全年组织实施31个共享航次，1338天共享船时，执行58项科研任务；配备的物理海洋、海洋声学、海洋地质等船载海洋调查设备面向各创新单元全面开放共享，为22个科研团队提供设备共享服务851天；发挥各单位的科研力量优势，促进学科交叉融合，实现船时共享资源利用最大化，探索多学科、全覆盖、协同作业机制，服务"透明海洋"、"蓝色开发"和"海底发现"等重大研究任务的实施。

三、海洋创新药物筛选与评价平台

智能超算与生物实测耦合的海洋创新药物发现技术体系进一步完善和优化，完成已知170个肿瘤靶点与35000个海洋化合物的全部对接，构建2万余个海洋小分子化合物虚拟结构数据库，筛选出200多个有成药潜力的分子，为"蓝色药库"推荐131种苗头分子和20余个先导化合物。已建立国际首个开放共享的海洋药物虚拟数据库，对提高创新药物研发成效、推进我国海洋创新药物开发有深远意义。

全年累计提供智能超算虚拟筛选服务机时4170小时、实验化合物数量658个，分析与检测服务机时1307小时，试验样品数12 091个。生物大分子相互作用分析系统等设备及智能超算虚拟筛选技术服务面向各创新单元全面开放共享，已为16个科研团队提供设备共享服务31项，具备快速、高效、准确的创新药物筛选能力。

四、同位素与地质测年平台

建成加速器质谱、稳定同位素质谱、激光剥蚀-多接收电感耦合等离子体质谱、热电离同位素比值质谱、高纯锗伽马能谱、样品预处理等6个实验室，形成多尺度全时年代学分析能力和全方面

同位素组成分析能力，满足对海水、淡水、沉积物、岩石、矿石、生物化石及其他海洋样品同位素组成与地质年代学的分析测试需求。

开展^{14}C、^{10}Be、^{26}Al放射性同位素，C、N、H、O稳定同位素及多种元素含量及金属和稀有金属同位素等项目的测试服务，样品检测精度达到国际先进水平。已为海洋试点国家实验室多个创新单元，以及北京大学、清华大学等11个科研团队提供服务机时4000多小时、样品检测8000余个，支撑服务"重新评估河流输入陆源有机碳对海洋碳循环的贡献和影响""黄、东海溶解有机碳的C-14年龄分布及其在碳循环中的意义"等25个国家级项目的实施。

五、海洋高端仪器设备研发平台

完成快速机电试制、海洋仪器测试与作业保障模块一期建设。拥有五轴镗铣加工中心等数十台/套大型设备，基本具备国内一流的多品种、小批量、高精度的机械加工能力，多种类的金属及非金属材料3D打印能力和海洋仪器设备环境测试能力，初步满足了海洋高端仪器研发中定制化、小批量、高可靠的加工测试需求，努力打造海洋领域设备研发的"梦工厂"。

围绕"透明海洋"等重大战略任务需求，承接"海燕"号水下滑翔机所有电路板稳定性测试及大洋4000m自持式智能浮标稳定测试和深海耐久性比测试验，200m水下滑翔机舵机转接头、波浪滑翔器缆接头及上盖等关键设备部件的加工制造。支撑水下滑翔机、波浪滑翔器、万米推进器、全海深湍流混合矩阵式剖面观测仪和浮标等设备加工测试任务82项，服务时长8476小时，加工测试零部件1135件，提供海洋仪器设备研发设计、制造、测试一体化的全流程服务。

六、海洋分子生物技术公共实验平台

布局和建设全国海洋领域首个冷冻电镜中心，完成Titan Krios G3i冷冻电镜等核心设备的安装，配备完整的显微图像数据存储和处理高性能计算机集群，初步具备样品检测能力及电镜数据处理能力，支撑冷冻单颗粒三维分析、原位冷冻电子断层三维重构和原子级别大分子解析。完成10 220平方米、90间专业实验室、30间专用设施及配套机房和28间办公及学术交流区域装修改造，为下一步"蓝色组学"、高端荧光显微镜等模块的建设奠定了基础。

围绕"蓝色生命"计划的实施及海洋结构生物学研究的迫切需求，面向国内生命科学领域相关优势团队发布任务、机时需求征集，形成了2020年分析测试计划。围绕电镜基础理论及应用，组织技术研讨与电镜操作培训，为推进冷冻电镜中心设施设备开放共享、服务海洋生命科学前沿研究打下基础。

七、海洋能研发测试平台

启动海洋能海上综合试验场建设。通过国际调研、专家研讨、现场考察等方式，形成了海洋能海上综合试验场规划设计建议方案，开展了陆上集控中心、陆上电力微网系统、海态监测与数据采集系统、海底电缆等功能单元的详细设计，为我国海洋可再生能源的开发提供研发测试平台。

第三节　创新团队建设

秉持以重大战略任务为牵引、以大平台为支撑的理念，大力实施"鳌山人才"计划，人才规模继续扩大，人才管理机制不断深化，开放、流动、竞争、协同的用人模式初步形成。2019年不断优化团队结构，持续引进多层次人才，目前已形成一支2000余人的科研队伍，其中固定科研人员近

1500人、技术人员近500人、管理服务人员近130人。

　　坚持正确激励导向，向优秀人才和做出突出贡献的人员适度倾斜，营造科研技术人员潜心研究创新的环境。坚持"科学规范、质量优先、公开公正、分类评价"的人才评价导向，建立与人才发展阶段、工作性质和岗位需求相匹配的能力和绩效评价机制。对科研人员兼顾创新单元考评与同行评议；对技术人才以用户评价为主，注重其技术水平和对科研支撑的贡献；对管理人才更加注重综合能力，实行多维度评价。

　　完善"鳌山人才"培养计划管理办法，强化对人才的过程管理，加强对高层次技术人才的支持力度。"鳌山人才"培养计划经过三年的实施，总体达到培养初衷与目标任务：多人获得"长江学者"特聘教授、"万人计划"领军人才、"青年千人计划"等人才称号；俞志明领衔完成的"近海赤潮灾害应急处置关键技术与方法"获国家技术发明奖二等奖，乔方利率先获得海洋领域国家基金委创新团队项目支持。

　　2019年，1人入选发展中国家科学院院士，2人入选国际欧亚科学院院士，6人入选"万人计划"，4人获国家杰出青年科学基金资助，8人获国家优秀青年科学基金资助，1人入选"青年长江"学者，1人入选"青年万人"。吴立新院士获得AGU地球与空间科学领导力最高奖Ambassador奖，是AGU历史上首位获此奖项的亚洲科学家，也是首位成为美国地球物理学会会士的中国海洋学家。

第四节　国内外合作与学术交流

一、构建全球分布式协同创新网络

1. 国际南半球海洋研究中心

　　以南大洋海洋观测为重点，构建深海观测浮标系统，推进南大洋气候变化、生物多样性及生态系统研究。中心现有包括3名澳大利亚院士在内的21名科研人员、5名博士研究生。2019年，在印度洋暖池布放气象与海洋剖面浮标、快速剖面浮标，开展科学调查；发表论文近30篇，其中*Science*系列1篇、*Nature*系列3篇；中心主任蔡文炬被世界气候研究计划（WCRP）任命为气候变率及可预测性计划（CLIVAR）科学指导委员会共同主席。

2. 国际高分辨率地球系统预测实验室

　　与美国德州农工大学、美国国家大气研究中心共建的国际高分辨率地球系统预测实验室正式挂牌启用。实验室聚焦研发新一代高分辨率多尺度地球系统预测模拟框架，推进地球系统科学及相关预测，推动高分辨率海洋与地球系统模型的发展。

　　实验室现有科研人员23人、博士研究生8人，开展了"高分辨率通用地球系统模式（CESM）现在及未来气候模拟"等5个科研项目。实验室主任张平文当选为美国气象学会（AMS）会士。

3. 中俄共建北极联合研究中心

　　与俄罗斯科学院希尔绍夫海洋研究所签署"共建中俄北极联合研究中心协议书"。该中心将瞄准"冰上丝绸之路"建设面临的科学问题，在北极地区开展联合考察航次，计划联合运营北极观测站，开发自动观测仪器，形成长期观测能力。

4. 港澳海洋研究中心

　　与香港科技大学等单位共建的港澳海洋研究中心正式签约并启动建设。依托香港科技大学、香港中文大学、香港城市大学、香港理工大学和澳门大学等学校优势科研力量，构建海洋、大气、生态、环境学科研究体系，研发区域耦合高分辨率预报模式，推动区域海洋多学科交叉研究与协同创新。

二、参与全球海洋科技创新治理

2019年，海洋试点国家实验室作为专家组组长单位牵头完成了"面向2035年的科技创新开放合作战略研究"报告，推进构建全球创新治理新格局和人类命运共同体。统筹国内三极领域优势科研力量，组织开展"三极环境与气候变化"国际大科学计划预研；筹划"透明海洋"国际项目，向全球发出"共建透明海洋计划共同体"倡议。

参加第四次中欧创新合作对话、中葡科技合作联委会第9次会议、"金砖国家'海洋与极地科学'工作组"会议、第三届世界海洋观测大会等，获得每十年一次的第四届世界海洋观测大会（2029年）组织主办权，争创全球海洋创新治理中坚力量。

三、搭建高端学术交流平台

2019年，成功举办了11期鳌山论坛，汇集285场学术报告，参加研讨的国内外专家学者2100余人次，促进学科交叉融合、研发与工程化一体、全面开放合作。

2019年，鳌山论坛系统总结了海洋观测探测、海洋新材料、海洋新能源等领域国内外研究现状，提出了未来5～10年的关键科学问题，明确了未来的发展方向，为"透明海洋"大科学计划等的发起实施奠定了重要基础。其中，"海洋新材料"鳌山论坛推动编制形成面向2030年海洋新材料发展规划，为海洋新材料联合实验室建设指明发展方向。"海洋环境污染与可持续发展"鳌山论坛对海洋领域面向2035年国家中长期科技规划战略研究和第六次技术预测的海洋环境保护技术子领域研究提供了理论支撑。"水产动物精准营养及其代谢调控机制"鳌山论坛形成了建立水产动物精准营养数据库的指导建议，推进了渔业产业技术升级。"水下无人系统技术高峰论坛"鳌山论坛与中国船舶工业集团有限公司、中国航天科工集团有限公司等知名涉海企业搭建了科研与产业的桥梁，找准科技创新与产业发展的契合点，推动打通成果转化最后一公里、实现科技成果的落地和集群式发展。

第五节　服务蓝色经济发展

一、山东海上综合信息应用服务系统建设示范稳步推进

建设黄渤海信息服务系统，构建智能装备与协同观测、智能超算与大数据和典型应用与智能服务的"智慧海洋"三大平台。2019年，围绕基础硬件环境、核心算法研究、关键设备改造与研发、软件构架搭建及系统体系实施方案等方面开展工作，已完成投资1.4亿元。海洋大数据平台硬件已经建设完成，汇集海洋大数据资源；开展观测平台机动组网设备测试；完成典型应用平台的主界面设计，启动海洋牧场信息化方案实施，形成海洋科普文旅平台建设方案，为2020年的系统集成应用与产业孵化奠定了良好基础，为服务山东海洋经济发展、促进新旧动能转换提供重要支撑。

二、深远海移动式大型养殖工船设计研发取得重大突破

完成全球首艘10万吨级深远海养殖工船总体设计、船型水动力分析、舱养结构适渔性优化，突破风光互补清洁能源利用、最佳养殖游弋路径预报等核心技术，构建以养殖工船为核心的"养-捕-

加"一体化绿色养殖新模式，为青岛国信集团和上海崇和实业有限公司两艘10万吨级大型养殖工船的产业应用提供技术服务，建成后每艘船年产值预计2亿～3亿元。

三、助推建成国内最大、远洋渔业捕捞加工船

国内最大、全球先进的"深蓝"号远洋渔业捕捞加工船完成建造和首次海试。"深蓝"号总吨位10 700吨，日捕捞能力在600吨左右。该船应用了海洋试点国家实验室、中国水产科学研究院多家单位在整船装备、精深加工等系列关键技术和装备的研发成果，配有目前世界上最先进的连续泵吸捕捞系统和全自动生产流水线，2020年将实现年产10万吨南极磷虾的运营目标。"深蓝"号的建成，填补了我国在高端渔船建造领域的空白，对于开发南大洋等远洋渔业资源、保障食品安全和维护海洋权益有重大意义。

四、海洋长效防腐防污新技术获得应用推广

自主研发了海洋钢结构浪花飞溅区复层矿脂包覆防腐和大气区异型钢结构氧化聚合包覆防腐技术，达到国际先进水平。两项技术成果已在中国文昌航天发射场、杭州湾跨海大桥、西沙永兴岛和南海某岛礁等国家重大工程建设中成功应用。2019年获得山东省科技进步奖二等奖、海洋科学技术奖一等奖。针对我国大型舰船等海洋装备的重大需求，研发的长效防污涂料产品已实现吨级量产，成功在100余艘远洋渔船、破浪滑翔器上实现了工程化应用，有效解决了南海严苛环境中低速甚至静态环境下海洋装备生物附着污损严重的难题，填补了我国防污材料领域的空白。

附　　录

附录一　涉海学科清单（教育部学科分类）

涉海学科清单（教育部学科分类）

代码	学科名称	说明
140	**物理学**	
14020	声学	
1402050	水声和海洋声学	原名为水声学
14030	光学	
1403064	海洋光学	
170	**地球科学**	
17050	地质学	
1705077	石油与天然气地质学	含天然气水合物地质学
17060	海洋科学	
1706010	海洋物理学	
1706015	海洋化学	
1706020	海洋地球物理学	
1706025	海洋气象学	
1706030	海洋地质学	
1706035	物理海洋学	
1706040	海洋生物学	
1706045	海洋地理学和河口海岸学	原名为河口、海岸学
1706050	海洋调查与监测	
	海洋工程	见 41630
	海洋测绘学	见 42050
1706061	遥感海洋学	亦名卫星海洋学
1706065	海洋生态学	
1706070	环境海洋学	
1706075	海洋资源学	
1706080	极地科学	
1706099	海洋科学其他学科	
240	**水产学**	
24010	水产学基础学科	
2401010	水产化学	
2401020	水产地理学	
2401030	水产生物学	
2401033	水产遗传育种学	
2401036	水产动物医学	
2401040	水域生态学	

续表

代码	学科名称	说明
2401099	水产学基础学科其他学科	
24015	水产增殖学	
24020	水产养殖学	
24025	水产饲料学	
24030	水产保护学	
24035	捕捞学	
24040	水产品贮藏与加工	
24045	水产工程学	
24050	水产资源学	
24055	水产经济学	
24099	水产学其他学科	
340	**军事医学与特种医学**	
34020	特种医学	
3402020	潜水医学	
3402030	航海医学	
413	**信息与系统科学相关工程与技术**	
41330	信息技术系统性应用	
4133030	海洋信息技术	
416	**自然科学相关工程与技术**	
41630	海洋工程与技术	代码原为57050，原名为海洋工程
4163010	海洋工程结构与施工	代码原为5705010
4163015	海底矿产开发	代码原为5705020
4163020	海水资源利用	代码原为5705030
4163025	海洋环境工程	代码原为5705040
4163030	海岸工程	
4163035	近海工程	
4163040	深海工程	
4163045	海洋资源开发利用技术	包括海洋矿产资源、海水资源、海洋生物、海洋能开发技术等
4163050	海洋观测预报技术	包括海洋水下技术、海洋观测技术、海洋遥感技术、海洋预报预测技术等
4163055	海洋环境保护技术	
4163099	海洋工程与技术其他学科	代码原为5705099
420	**测绘科学技术**	
42050	海洋测绘	
4205010	海洋大地测量	
4205015	海洋重力测量	
4205020	海洋磁力测量	
4205025	海洋跃层测量	
4205030	海洋声速测量	

代码	学科名称	说明
4205035	海道测量	
4205040	海底地形测量	
4205045	海图制图	
4205050	海洋工程测量	
4205099	海洋测绘其他学科	
480	**能源科学技术**	
48060	一次能源	
4806020	石油、天然气能	
4806030	水能	包括海洋能等
4806040	风能	
4806085	天然气水合物能	
490	**核科学技术**	
49050	核动力工程技术	
4905010	舰船核动力	
570	**水利工程**	
57010	水利工程基础学科	
5701020	河流与海岸动力学	
580	**交通运输工程**	
58040	水路运输	
5804010	航海技术与装备工程	原名为航海学
5804020	船舶通信与导航工程	原名为导航建筑物与航标工程
5804030	航道工程	
5804040	港口工程	
5804080	海事技术与装备工程	
58050	船舶、舰船工程	
610	**环境科学技术及资源科学技术**	
61020	环境学	
6102020	水体环境学	包括海洋环境学
620	**安全科学技术**	
62010	安全科学技术基础学科	
6201030	灾害学	包括灾害物理、灾害化学、灾害毒理等
780	**考古学**	
78060	专门考古	
7806070	水下考古	
790	**经济学**	
79049	资源经济学	
7904910	海洋资源经济学	
830	**军事学**	

续表

代码	学科名称	说明
83030	战役学	
8303020	海军战役学	
83035	战术学	
8303530	海军战术学	

说明：根据二级学科所包含的涉海学科（三级学科）数占其所包含的三级学科总数的比例确定二级学科涉海比例系数如下：声学（0.06）、光学（0.06）、地质学（0.04）、海洋科学（1）、水产学基础学科（1）、水产增殖学（1）、水产养殖学（1）、水产饲料学（1）、水产保护学（1）、捕捞学（1）、水产品贮藏与加工（1）、水产工程学（1）、水产资源学（1）、水产经济学（1）、水产学其他学科（1）、特种医学（0.33）、信息技术系统性应用（0.25）、海洋工程与技术（1）、海洋测绘（1）、一次能源（0.36）、核动力工程技术（0.20）、水利工程基础学科（0.25）、水路运输（0.56）、船舶、舰船工程（1）、环境学（0.17）、安全科学技术基础学科（0.17）、专门考古（0.11）、资源经济学（0.17）、战役学（0.17）、战术学（0.17）。

附录二　国家海洋创新指数指标体系

一、国家海洋创新指数的内涵

国家海洋创新指数是指衡量一国海洋创新能力，切实反映一国海洋创新质量和效率的综合性指数。

国家海洋创新指数评价工作借鉴了国内外关于国家竞争力和创新评价等的理论与方法，基于创新型海洋强国的内涵分析，确定指标选择原则，从海洋创新资源、海洋知识创造、海洋创新绩效和海洋创新环境4个方面构建了国家海洋创新指数的指标体系，力求全面、客观、准确地反映我国海洋创新能力在创新链不同层面的特点，形成一套比较完整的指标体系和评价方法。通过指数测度，为综合评价创新型海洋强国建设进程、完善海洋创新政策提供技术支撑和咨询服务。

二、创新型海洋强国的内涵

建设海洋强国，急需推动海洋科技向创新引领型转变。国际历史经验表明，海洋科技发展是实现海洋强国的根本保障，应建立国家海洋创新评价指标体系，从战略高度审视我国海洋发展动态，强化海洋基础研究和人才团队建设，大力发展海洋科学技术，为经济社会各方面提供决策支持。

国家海洋创新指数评价将有利于国家和地方政府及时掌握海洋科技发展战略实施进展及可能出现的问题，为进一步采取对策提供基本信息；有利于国际、国内公众了解我国海洋事业取得的进展、成就、趋势及存在的问题；有利于企业和投资者研判我国海洋领域的机遇与风险；有利于为从事海洋领域研究的学者和机构提供有关信息。

纵观我国海洋经济的发展历程，大体经历了3个阶段：资源依赖阶段、产业规模粗放扩张阶段和由量向质转变阶段。海洋科技的飞速发展，推动新型海洋产业规模不断发展扩大，成为海洋经济新的增长点。我国海域辽阔、海洋资源丰富，但是多年的粗放式发展使得资源环境问题日益突出，制约了海洋经济的进一步发展。因此，只有不断地进行海洋创新，才能促进海洋经济的健康发展，步入创新型海洋强国行列。

创新型海洋强国的最主要特征是国家海洋经济社会发展方式与传统的发展模式相比发生了根本

的变化。创新型海洋强国的判别应主要依据海洋经济增长主要依靠要素（传统的海洋资源消耗和资本）投入来驱动，还主要依靠以知识创造、传播和应用为标志的创新活动来驱动。

创新型海洋强国应具备4个方面的能力：①较高的海洋创新资源综合投入能力；②较高的海洋知识创造与扩散应用能力；③较高的海洋创新绩效影响表现能力；④良好的海洋创新环境。

三、指标选择原则

（1）评价思路体现海洋可持续发展思想。不仅要考虑海洋创新整体发展环境，还要考虑经济发展、知识成果的可持续性指标，兼顾指数的时间趋势。

（2）数据来源具有权威性。基本数据必须来源于公认的国家官方统计和调查。通过正规渠道定期搜集，确保基本数据的准确性、权威性、持续性和及时性。

（3）指标具有科学性、现实性和可扩展性。海洋创新指数与各项分指数之间逻辑关系严密，分指数的每一个指标都能体现科学性和客观性思想，尽可能减少人为合成指标，各指标均有独特的宏观表征意义，定义相对宽泛，并非对应唯一狭义的数据，便于指标体系的扩展和调整。

（4）评价体系兼顾我国海洋区域特点。选取指标以相对指标为主，兼顾不同区域在海洋创新资源产出效率、创新活动规模和创新领域广度上的不同特点。

（5）纵向分析与横向比较相结合。既有纵向的历史发展轨迹回顾分析，也有横向的各沿海区域、各经济区、各经济圈比较和国际比较。

四、指标体系构建

创新是从创新概念提出到研发、知识产出再到商业化应用转化为经济效益的完整过程。海洋创新能力体现在海洋科技知识的产生、流动和转化为经济效益的整个过程中。应该从海洋创新环境、创新资源的投入、知识创造与应用、绩效影响等整个创新链的主要环节来构建指标，评价国家海洋创新能力。

本书采用综合指数评价方法，从创新过程选择分指数，确定了海洋创新资源、海洋知识创造、海洋创新绩效和海洋创新环境4个分指数；遵循指标的选取原则，选择19个指标（附表2-1），形成国家海洋创新指数评价指标体系（指标均为正向指标）；再利用国家海洋创新综合指数及其指标体系对我国海洋创新能力进行综合分析、比较与判断。

海洋创新资源：反映一个国家海洋创新活动的投入力度、创新型人才资源供给能力及创新所依赖的基础设施投入水平。创新投入是国家海洋创新活动的必要条件，包括科技资金投入和人才资源投入等。

海洋知识创造：反映一个国家的海洋科研产出能力和知识传播能力。海洋知识创造的形式多种多样，产生的效益也是多方面的，本书主要从海洋发明专利和科技论文等角度考虑海洋创新的知识积累效益。

海洋创新绩效：反映一个国家开展海洋创新活动所产生的效果和影响。海洋创新绩效分指数从国家海洋创新的效率和效果两个方面选取指标。

海洋创新环境：反映一个国家海洋创新活动所依赖的外部环境，主要包括相关海洋制度创新和环境创新。其中，制度创新的主体是政府等相关部门，主要体现在政府对创新的政策支持、对创新的资金支持和知识产权管理等方面；环境创新主要指创新的配置能力、创新基础设施、创新基础经济水平、创新金融及文化环境等。

附表 2-1　国家海洋创新指数指标体系

综合指数	分指数	指标
国家海洋创新指数（A）	海洋创新资源（B_1）	1. 研究与发展经费投入强度（C_1）
		2. 研究与发展人力投入强度（C_2）
		3. R&D 人员中博士人员占比（C_3）
		4. 科技活动人员占海洋科研机构从业人员的比例（C_4）
		5. 万名科研人员承担的课题数（C_5）
	海洋知识创造（B_2）	6. 亿美元经济产出的发明专利申请数（C_6）
		7. 万名 R&D 人员的发明专利授权数（C_7）
		8. 本年出版科技著作（C_8）
		9. 万名科研人员发表的科技论文数（C_9）
		10. 国外发表的论文数占总论文数的比例（C_{10}）
	海洋创新绩效（B_3）	11. 海洋劳动生产率（C_{11}）
		12. 单位能耗的海洋经济产出（C_{12}）
		13. 海洋生产总值占国内生产总值的比例（C_{13}）
		14. 有效发明专利产出效率（C_{14}）
		15. 第三产业增加值占海洋生产总值的比例（C_{15}）
	海洋创新环境（B_4）	16. 沿海地区人均海洋生产总值（C_{16}）
		17. R&D 经费中设备购置费所占比例（C_{17}）
		18. 海洋科研机构科技经费筹集额中政府资金所占比例（C_{18}）
		19. R&D 人员人均折合全时工作量（C_{19}）

附录三　区域分类依据及相关概念界定

一、沿海省（自治区、直辖市）

我国沿海11个省（自治区、直辖市），具体包括天津、河北、辽宁、上海、江苏、浙江、福建、山东、广东、广西和海南。

二、海洋经济区

我国有五大海洋经济区，分别为环渤海经济区、长江三角洲经济区、海峡西岸经济区、珠江三角洲经济区和环北部湾经济区。其中环渤海经济区中纳入评价的沿海省（直辖市）为辽宁、河北、山东、天津；长江三角洲经济区中纳入评价的沿海省（直辖市）为江苏、上海、浙江；海峡西岸经济区中纳入评价的沿海省为福建；珠江三角洲经济区中纳入评价的沿海省为广东；环北部湾经济区中纳入评价的沿海省（自治区）为广西和海南。

三、海洋经济圈

海洋经济圈分区依据《全国海洋经济发展"十二五"规划》，分别为北部海洋经济圈、东部海洋经济圈和南部海洋经济圈。北部海洋经济圈由辽东半岛、渤海湾和山东半岛沿岸及海域组成，本书纳入评价的沿海省（直辖市）包括天津、河北、辽宁和山东；东部海洋经济圈由江苏、上海、浙江沿岸及海域组成，本书纳入评价的沿海省（直辖市）包括江苏、浙江和上海；南部海洋经济圈由福建、珠江口及其两翼、北部湾、海南岛沿岸及海域组成，本书纳入评价的沿海省（自治区）包括福建、广东、广西和海南。

附录四　区域海洋创新指数评价方法

一、区域海洋创新指数指标体系说明

区域海洋创新指数由海洋创新资源、海洋知识创造、海洋创新绩效和海洋创新环境4个分指数构成。与国家海洋创新指数指标体系相比，区域海洋创新资源分指数中用科研人员承担的平均课题数代替了万名科研人员承担的课题数；区域海洋知识创造分指数中分别用R&D人员的平均发明专利授权数和科研人员发表的平均科技论文数代替了万名R&D人员的发明专利授权数和万名科研人员发表的科技论文数；区域海洋创新绩效分指数中删去了第三产业增加值占海洋生产总值的比例、海洋生产总值占国内生产总值的比例和有效发明专利产出效率，增加了人均发表科技论文数和人均有效发明专利数。

二、原始数据归一化处理

对2018年18个指标的原始值分别进行归一化处理。归一化处理是为了消除多指标综合评价中计量单位的差异和指标数值的数量级、相对数形式的差别，解决数据指标的可比性问题，使各指标处于同一数量级，便于进行综合对比分析。

指标数据处理采用直线型归一化方法，即

$$c_{ij} = \frac{y_{ij} - \min y_{ij}}{\max y_{ij} - \min y_{ij}}$$

式中，$i=1\sim11$，为我国11个沿海省（自治区、直辖市）序列号；$j=1\sim18$，为指标序列号；y_{ij}表示各项指标的原始数据值；c_{ij}表示各项指标归一化处理后的值。

三、区域海洋创新分指数的计算

区域海洋创新资源分指数得分（b_1）：

$$b_1 = 100 \times \sum_{j=1}^{5} \varphi_1 c_j, \quad 其中 \varphi_1 = \frac{1}{5}$$

区域海洋知识创造分指数得分（b_2）：

$$b_2 = 100 \times \sum_{j=6}^{10} \varphi_2 c_j, \quad 其中 \varphi_2 = \frac{1}{5}$$

区域海洋创新绩效分指数得分（b_3）：

$$b_3 = 100 \times \sum_{j=11}^{14} \varphi_3 c_j, \quad 其中 \varphi_3 = \frac{1}{4}$$

区域海洋创新环境分指数得分（b_4）：

$$b_4 = 100 \times \sum_{j=15}^{18} \varphi_4 c_j, \quad 其中 \varphi_4 = \frac{1}{4}$$

式中，c_j为各沿海省（自治区、直辖市）各项指标归一化处理后的值。

四、区域海洋创新指数的计算

采用等权重（同国家海洋创新指数）测算区域海洋创新指数得分（a）：

$$a = \frac{1}{4}(b_1 + b_2 + b_3 + b_4)$$

附录五　国家海洋创新指数指标解释

C_1. 研究与发展经费投入强度

海洋科研机构的R&D经费占国内海洋生产总值的比例，为国家海洋研发经费投入强度指标，反映国家海洋创新资金投入强度。

C_2. 研究与发展人力投入强度

每万名涉海就业人员中R&D人员数，反映一个国家创新人力资源的投入强度。

C_3. R&D 人员中博士人员占比

海洋科研机构内R&D人员中博士毕业人员所占比例，反映一个国家海洋科技活动的顶尖人才力量。

C_4. 科技活动人员占海洋科研机构从业人员的比例

海洋科研机构内从业人员中科技活动人员所占比例，反映一个国家海洋创新活动科研力量的强度。

C_5. 万名科研人员承担的课题数

平均每万名科研人员承担的国内课题数，反映海洋科研人员从事创新活动的强度。

C_6. 亿美元经济产出的发明专利申请数

一国海洋发明专利申请数量除以海洋生产总值（以汇率折算的亿美元为单位）。该指标反映了相对于经济产出的技术产出量和一个国家海洋创新活动的活跃程度。3种专利（发明专利、实用新型专利和外观设计专利）中发明专利技术含量和价值最高，发明专利申请数可以反映一个国家海洋创新活动的活跃程度和自主创新能力。

C_7. 万名 R&D 人员的发明专利授权数

平均每万名R&D人员的国内发明专利授权量，反映一个国家的自主创新能力和技术创新能力。

C_8. 本年出版科技著作

指经过正式出版部门编印出版的科技专著、大专院校教科书、科普著作。只统计本单位科技人员为第一作者的著作，同一书名计为一种著作，与书的发行量无关，反映一个国家海洋科学研究的产出能力。

C_9. 万名科研人员发表的科技论文数

平均每万名科研人员发表的科技论文数，反映科学研究的产出效率。

C_{10}. 国外发表的论文数占总论文数的比例

一国发表的科技论文中，在国外发表的论文所占比例，可反映科技论文相关研究的国际化水平。

C_{11}. 海洋劳动生产率

采用涉海就业人员的人均海洋生产总值，反映海洋创新活动对海洋经济产出的作用。

C_{12}. 单位能耗的海洋经济产出

采用万吨标准煤能源消耗的海洋生产总值，用来测度海洋创新带来的减少资源消耗的效果，也反映一个国家海洋经济增长的集约化水平。

C_{13}. 海洋生产总值占国内生产总值的比例

反映海洋经济对国民经济的贡献，用来测度海洋创新对海洋经济的推动作用。

C_{14}. 有效发明专利产出效率

采用单位R&D人员折合全时工作量的平均有效发明专利数，它在一定程度上反映了国家海洋有效发明专利的产出效率，可以衡量一国海洋创新产出绩效能力与海洋创新能力的高低。

C_{15}. 第三产业增加值占海洋生产总值的比例

按照海洋生产总值中第三产业增加值所占比例测算，反映海洋创新的产业结构优化程度，从生产能力和产业结构方面反映一国海洋创新的绩效水平。

C_{16}. 沿海地区人均海洋生产总值

按沿海地区人口平均的海洋生产总值，它在一定程度上反映了沿海地区人民的生活水平，可以衡量海洋生产力的增长情况和海洋创新活动所处的外部环境。

C_{17}. R&D 经费中设备购置费所占比例

海洋科研机构的R&D经费中设备购置费所占比例，反映海洋创新所需的硬件设备条件，在一定程度上反映海洋创新的硬环境。

C_{18}. 海洋科研机构科技经费筹集额中政府资金所占比例

反映政府投资对海洋创新的促进作用及海洋创新所处的制度环境。

C_{19}. R&D 人员人均折合全时工作量

反映一个国家海洋科技人力资源投入的工作量与全时工作能力。

附录六　国家海洋创新指数评价方法

国家海洋创新指数的计算方法采用国际上流行的标杆分析法,即国际竞争力评价采用的方法。其原理是:对被评价的对象给出一个基准值,并以该标准去衡量所有被评价的对象,从而发现彼此之间的差距,给出排序结果。

采用海洋创新评价指标体系中的指标,利用2004~2018年的指标数据,分别计算基准年之后各年的海洋创新指数及其分指数得分,与基准年比较即可看出国家海洋创新指数的增长情况。

一、原始数据标准化处理

设定2004年为基准年,基准值为100。对国家海洋创新指数指标体系中19个指标的原始值进行标准化处理。具体计算公式为

$$C_j^t = \frac{100 x_j^t}{x_j^1}$$

式中,j=1~19,为指标序列编号;t=1~15,为2004~2018年编号;x_j^t表示各年各项指标的原始数据值(x_j^1表示2004年各项指标的原始数据值);C_j^t表示各年各项指标标准化处理后的值。

二、国家海洋创新指数分指数测算

采用等权重[①]测算各年国家海洋创新指数分指数得分。

$$\text{当 } i=1 \text{ 时,} \quad B_1^t = \sum_{j=1}^{5} \beta_1 C_j^t, \quad \text{其中 } \beta_1 = \frac{1}{5}$$

$$\text{当 } i=2 \text{ 时,} \quad B_2^t = \sum_{j=6}^{10} \beta_2 C_j^t, \quad \text{其中 } \beta_2 = \frac{1}{5}$$

$$\text{当 } i=3 \text{ 时,} \quad B_3^t = \sum_{j=11}^{15} \beta_3 C_j^t, \quad \text{其中 } \beta_3 = \frac{1}{5}$$

$$\text{当 } i=4 \text{ 时,} \quad B_4^t = \sum_{j=16}^{19} \beta_4 C_j^t, \quad \text{其中 } \beta_4 = \frac{1}{4}$$

式中,t=1~15,为2004~2018年编号;B_1^t、B_2^t、B_3^t、B_4^t依次代表各年海洋创新资源分指数、海洋知识创造分指数、海洋创新绩效分指数和海洋创新环境分指数的得分。

---

① 采用《国家海洋创新指数报告2016》的权重选取方法,取等权重。

三、国家海洋创新指数测算

采用等权重测算国家海洋创新指数得分，即

$$A^t = \sum_{i=1}^{4} \varpi B_i^t$$

式中，i=1～4；t=1～15，为2004～2018年编号；ϖ为权重（等权重为$\frac{1}{4}$）；A^t为各年的国家海洋创新指数得分。

编 制 说 明

为响应国家海洋创新战略，服务国家创新体系建设，自然资源部第一海洋研究所（原国家海洋局第一海洋研究所）自2006年起着手开展海洋创新指标的测算工作，并于2013年正式启动国家海洋创新指数的研究工作。《国家海洋创新指数报告2020》是相关系列报告的第10本，现将有关情况说明如下。

一、需求分析

创新驱动发展已经成为我国的国家发展战略，《中共中央关于全面深化改革若干重大问题的决定》明确提出要"建设国家创新体系"。海洋创新是建设创新型国家的关键领域，也是国家创新体系的重要组成部分。探索构建国家海洋创新指数，评价我国国家海洋创新能力，对海洋强国的建设意义重大。国家海洋创新评估系列报告编制的必要性主要表现在以下4个方面。

（一）全面摸清我国海洋创新家底的迫切需要

搜集海洋经济统计、科技统计和科技成果登记等海洋创新数据，全面摸清我国海洋创新家底，是客观分析我国国家海洋创新能力的基础。

（二）深入把握我国海洋创新发展趋势的客观需要

从海洋创新资源、海洋知识创造、海洋创新绩效和海洋创新环境4个方面，挖掘分析海洋创新数据，深入把握我国海洋创新发展趋势，以满足认清我国海洋创新路径与方式的客观需要。

（三）准确测算我国海洋创新重要指标的实际需要

对海洋创新重要指标进行测算和预测，切实反映我国海洋创新的质量和效率，为我国海洋创新政策的制定提供系列重要指标支撑。

（四）全面了解国际海洋创新发展态势的现实需要

分析国际海洋创新发展态势，从海洋领域产出的论文与专利等方面分析国际海洋创新在基础研究和技术研发层面上的发展态势，全面了解国际海洋创新发展态势，为我国海洋创新发展提供参考。

二、编制依据

（一）党的十九大报告

党的十九大报告明确提出要"加快建设创新型国家"，并指出"创新是引领发展的第一动力，是建设现代化经济体系的战略支撑""要瞄准世界科技前沿，强化基础研究""加强国家创新体系建设，强化战略科技力量""坚持陆海统筹，加快建设海洋强国"。

（二）十八届五中全会报告

十八届五中全会提出，"必须把创新摆在国家发展全局的核心位置，不断推进理论创新、制度创新、科技创新、文化创新等各方面创新，让创新贯穿党和国家一切工作，让创新在全社会蔚然成风"。

（三）《国家创新驱动发展战略纲要》

中共中央、国务院2016年5月印发的《国家创新驱动发展战略纲要》指出，"党的十八大提出实施创新驱动发展战略，强调科技创新是提高社会生产力和综合国力的战略支撑，必须摆在国家发展全局的核心位置。这是中央在新的发展阶段确立的立足全局、面向全球、聚焦关键、带动整体的国家重大发展战略"。

（四）《中华人民共和国国民经济和社会发展第十三个五年规划纲要》

《中华人民共和国国民经济和社会发展第十三个五年规划纲要》提出创新驱动主要指标，强化科技创新引领作用，并指出"把发展基点放在创新上，以科技创新为核心，以人才发展为支撑，推动科技创新与大众创业万众创新有机结合，塑造更多依靠创新驱动、更多发挥先发优势的引领型发展"。

（五）《推动共建丝绸之路经济带和21世纪海上丝绸之路的愿景与行动》

《推动共建丝绸之路经济带和21世纪海上丝绸之路的愿景与行动》提出"创新开放型经济体制机制，加大科技创新力度，形成参与和引领国际合作竞争新优势，成为'一带一路'特别是21世纪海上丝绸之路建设的排头兵和主力军"的发展思路。

（六）《中共中央关于全面深化改革若干重大问题的决定》

《中共中央关于全面深化改革若干重大问题的决定》明确提出要"建设国家创新体系"。

（七）《"十三五"国家科技创新规划》

《"十三五"国家科技创新规划》提出"'十三五'时期是全面建成小康社会和进入创新型国家行列的决胜阶段，是深入实施创新驱动发展战略、全面深化科技体制改革的关键时期，必须认真贯彻落实党中央、国务院决策部署，面向全球、立足全局，深刻认识并准确把握经济发展新常态的新要求和国内外科技创新的新趋势，系统谋划创新发展新路径，以科技创新为引领开拓发展新境界，加速迈进创新型国家行列，加快建设世界科技强国"。

（八）《海洋科技创新总体规划》

《海洋科技创新总体规划》战略研究首次工作会上提出要"围绕'总体'和'创新'做好海洋战略研究""要认清创新路径和方式，评估好'家底'"。

（九）《"十三五"海洋领域科技创新专项规划》

《"十三五"海洋领域科技创新专项规划》明确提出"进一步建设完善国家海洋科技创新体系，提升我国海洋科技创新能力，显著增强科技创新对提高海洋产业发展的支撑作用"。

（十）《全国海洋经济发展规划纲要》

《全国海洋经济发展规划纲要》提出要"逐步把我国建设成为海洋强国"。

（十一）《全国科技兴海规划（2016—2020 年）》

《全国科技兴海规划（2016—2020年）》提出，"到2020年，形成有利于创新驱动发展的科技兴海长效机制，构建起链式布局、优势互补、协同创新、集聚转化的海洋科技成果转移转化体系。海洋科技引领海洋生物医药与制品、海洋高端装备制造、海水淡化与综合利用等产业持续壮大的能力显著增强，培育海洋新材料、海洋环境保护、现代海洋服务等新兴产业的能力不断加强，支撑海洋综合管理和公益服务的能力明显提升。海洋科技成果转化率超过55%，海洋科技进步对海洋经济增长贡献率超过60%，发明专利拥有量年均增速达到20%，海洋高端装备自给率达到50%。基本形成海洋经济和海洋事业互动互进、融合发展的局面，为海洋强国建设和我国进入创新型国家行列奠定坚实基础"。

（十二）《国家中长期科学和技术发展规划纲要（2006—2020 年）》

《国家中长期科学和技术发展规划纲要（2006—2020年）》提出，要"把提高自主创新能力作为调整经济结构、转变增长方式、提高国家竞争力的中心环节，把建设创新型国家作为面向未来的重大战略选择"，并指出今后15年科技工作的指导方针是"自主创新，重点跨越，支撑发展，引领未来"，强调要"全面推进中国特色国家创新体系建设，大幅度提高国家自主创新能力"。

（十三）《"十三五"国家科技创新专项规划》

《"十三五"国家科技创新专项规划》指出创新是引领发展的第一动力。该规划从六方面对科技创新进行了重点部署，以深入实施创新驱动发展战略、支撑供给侧结构性改革。该规划提出，到2020年，我国国家综合创新能力世界排名要从目前的第18位提升到第15位；科技进步贡献率要从目前的55.3%提高到60%；研发投入强度要从目前的2.1%提高到2.5%。

三、数据来源

①《国家海洋创新指数报告2020》所用数据来源为：2004～2019年中国统计年鉴；②2004～2019年中国海洋统计年鉴；③2004～2019年中国海洋经济统计公报；④2004～2019年科学技术部科技统计数据；⑤2012～2019年教育部涉海学科科技统计数据；⑥中国科学引文数据库（Chinese science citation database，CSCD）；⑦科学引文索引扩展版（science citation index expanded，SCIE）数据库；⑧德温特专利索引（Derwent innovation index，DII）数据库；⑨《工程索引》（*Engineering Index*，EI）；⑩2012～2019年高等学校科技统计资料汇编；⑪其他公开出版物。

四、编制过程

《国家海洋创新指数报告2020》由自然资源部第一海洋研究所海岸带科学与海洋发展战略研究中心组织编写；中国科学院兰州文献情报中心参与编写了海洋论文、专利和国际海洋科技创新态势分析等部分；科学技术部战略规划司、教育部科学技术司、国家海洋信息中心和华中科技大学管理学院等单位、部门提供了数据支持。编制过程分为前期准备阶段、数据测算与报告编制阶段、修改完善阶段等3个阶段，具体介绍如下。

（一）前期准备阶段

形成基本思路。2019年11～12月，课题组在《国家海洋创新指数报告2019》工作的基础上，经过多次研究讨论和交流沟通，总结归纳经验和不足之处，梳理《国家海洋创新指数报告2020》编制思路，形成具体实施方案。

收集整理数据。2019年9月，收集整理2019年海洋科技统计数据，并与已有其他年度数据对比，分析整理指标和数据变化情况；2019年11月，收集高等学校海洋科技创新和涉海学科相关科技创新数据。同时，与中国科学院兰州文献情报中心合作，收集海洋领域SCI论文和海洋专利等数据。

组建报告编写组与指标测算组。2020年1月，在自然资源部科技发展司和国家海洋创新指数试评价顾问组的指导下，在《国家海洋创新指数报告2019》原编写组基础上，组建《国家海洋创新指数报告2020》编写组与指标测算组。

（二）数据测算与报告编制阶段

数据处理与分析。2020年1～2月，对海洋科研机构科技创新数据及2004～2019年中国统计年鉴、2004～2019年中国海洋统计年鉴、2004～2019年中国海洋经济统计公报、高等学校涉海学科相关科技创新数据等来源数据，进行数据处理与分析。

指标调整。2020年1月21日至2月25日，根据海洋创新评价需求和数据质量，调整相应指标，以满足评价需求。

数据测算。2020年2月25日至3月27日，基础指标测算，并根据相应的评价方法测算国家海洋创新指数和区域海洋创新指数。

报告文本初稿编写。2020年3月28日至7月2日，根据数据分析结果和指标测算结果，完成报告第一稿的编写。

数据第一轮复核。2020年7月2日至8月20日，组织测算组进行数据第一轮复核，重点检查数据来源、数据处理过程与图表。

报告文本第二稿修改。2020年7月6日至8月4日，根据数据复核结果和指标测算结果，修改报告初稿，形成征求意见文本第二稿。

数据第二轮复核。2020年8月21～25日，组织测算组进行数据第二轮复核，流程按照逆向复核的方式，根据文本内容依次检查图表、数据处理过程、数据来源。

报告文本第三稿完善。2020年8月5～25日，根据数据第二轮复核结果和小范围征求意见情况，完善报告文本，形成征求意见第三稿。

数据第三轮复核。2020年8月25～27日，按照顺向与逆向结合复核的方式，核对数据来源、数据处理过程与文本图表对应。并运用海洋创新指数评估软件进行数据处理过程与结果的核对。

报告文本第四稿完善。2020年8月26～31日，根据征求意见情况，完善报告文本，形成征求意见第四稿。

（三）修改完善阶段

内审及报告文本第四稿修改。2020年7月5～20日，海岸带科学与海洋发展战略研究中心组织进行内部审查，并根据意见修改文本。

计算过程复核。2020年7月2日至8月27日，组织测算组进行计算过程的认真复核，重点检查计算过程的公式、参数和结果的准确性，并根据复核结果进一步完善文本，结合各轮修改意见，形成征求意见第四稿。

编写组文本校对。2020年8月，编写组成员按照章节对报告文本进行校对，根据各成员意见和建议修改完善文本。

出版社预审。2020年9月，向科学出版社编辑部提交文本电子版进行预审。

五、意见与建议吸收情况

已征求意见20多人次。经汇总，收到意见和建议150多条。

根据反馈的意见和建议，共吸收意见和建议110多条。反馈意见和建议吸收率约为73.33%。

更 新 说 明

一、优化了指标体系

（1）优化了海洋创新资源分指数中的指标，将科技活动人员中高级职称所占比例指标更新为R&D人员中博士人员占比，加大了对海洋R&D基本情况的考察力度。

（2）优化了海洋创新环境分指数中的指标，将海洋专业大专及以上应届毕业生人数指标更新为R&D人员人均折合全时工作量指标。

二、增减了部分章节和内容

（1）删减了《国家海洋创新指数报告2019》中的"第五章 海洋全要素生产率测算研究"。

（2）新增了"第四章 国家海洋创新能力与海洋经济协调关系测度研究"和"第五章 美国海洋和大气领域政策导向转变及2020财年计划调整"。

三、更新了国内和国际数据

（1）更新了国际涉海创新论文数据。原始数据更新至2018年，用于海洋创新产出成果部分的分析，以及国内外海洋创新论文方面的比较分析。

（2）更新了国际涉海专利数据。原始数据更新至2018年，用于海洋创新产出成果部分的分析，以及国内外海洋创新专利方面的比较分析。

（3）更新了国内数据。国家海洋创新评价指标所用原始数据更新至2018年，区域海洋创新指数评价指标更新为2018年数据。

（4）更新了数据来源。用科学技术部科技统计数据代替海洋统计年鉴中的部分数据，形成新的指标数据，重新测算的各指数与以往报告中的数据会有相应差异。